U0076512

大人的宇宙學教室

透過微中子與重力波解密宇宙起源

郡和範／著
陳朕疆／譯

前言

研究宇宙時的2個關鍵字

── 微中子與重力波 ──

您是否也覺得，似乎愈來愈常在報紙、電視、網路新聞中看到「微中子」或「重力波」之類的詞呢？這也是無可厚非。因為近年來，科學家們陸續發表了許多與微中子與重力波有關的最新實驗結果。

2020年4月，筑波「高能加速器研究機構（KEK）」發表的研究報告中，首次提出了「微中子與其反粒子的性質差異」。而2020年9月時，美國的LIGO實驗團隊觀測到了一對巨大的黑洞雙星合併時產生的重力波，它們的質量分別是太陽的85倍與65倍。

2015年的諾貝爾物理學獎頒給了發現微中子振盪的東京大學梶田隆章教授，2017年的諾貝爾物理學獎則頒給了2015年時，以黑洞雙星檢測出重力波的3名LIGO實驗團隊成員。所以我認為，不只是我們這些專家，對於一般人而言，**也必須理解這2個關鍵字，以了解宇宙根源之謎**。

這兩者可以簡單說明如下。微中子就像電子的親戚，但因為不帶電荷，所以與各種家電產品無關。微中子被認為與看不見的物質（暗物質，dark matter）、看不見的能量（暗能量，dark energy）有關，而成為了熱門議題。我們居住在四次元時空，重力波則是用於傳遞四維時空扭曲狀況的波。現在的宇宙中有許多飄盪的重力波，包括大質量星體爆發時產生的時空震動，以及宇宙誕生時便存在的重力波。另外，重力波的研究也和黑洞的研究密切相關。

微中子與重力波會直接穿過幾乎所有東西，所以眼睛看不到、手也摸不到。對於過去以可見光進行觀測的天文學家而言，若要捕捉這兩者，需要用到截然不同的方法。而這些方法讓我們看到了可見光所看不到的宇宙樣貌。譬如太陽的中心、恆星爆發瞬間、宇宙誕生時的大霹靂火球等，這些極為寶貴的資訊都令觀察者相當訝異。

為了解開宇宙誕生的祕密，許多理論物理學家彼此合作投入研究。為此，需要動員到數學、物理學、天文學等知識。而解開微中子與重力波之謎，也是其中一個的重要任務。本書將透過說明微中子與重力波，帶領讀者了解目前宇宙誕生解密的研究成果。

需特別注意的是，本書內容會清楚標明哪些是目前已知正確的理論，哪些是「未確認正確性」的理論。清楚畫出兩者的界線，是我們專業研究者的重要工作。如果您能透過本書，了解到目前人類已知哪些事，未來應朝哪個方向研究的話，那就太棒了。

本書最後會提到微中子與重力波的研究，為什麼可能與我們的起源之謎，也就是構成我們身體的物質誕生於宇宙的何處，又是何時生成的有關。或許我們在不久之後，就能解開這個謎題囉。

2021年1月　郡和範

CONTENTS

第5章 為什麼「微中子振盪」是劃時代的發現？

第6章 微中子研究開拓出了「新的基本粒子物理學」

第7章 如何捕捉重力波？

第8章 終於透過直接觀測發現重力波！

第9章 觀測不可見宇宙的「重力波天文學」

第1章

人類如何觀察宇宙？

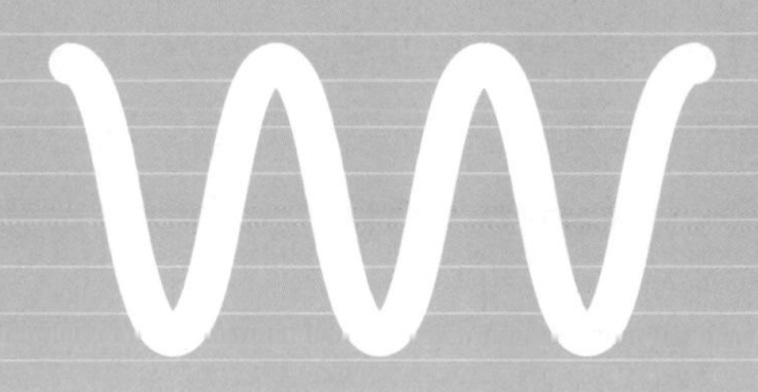

為什麼「不同波長會看到不同東西」？

——觀察宇宙的眼睛

從肉眼到望遠鏡

從遙遠的古代開始，我們人類就會仰望夜空，欣賞美麗的銀河，想像宇宙的盡頭是什麼樣貌。從過去到現在，一直都是如此。

不過，「**觀看的方法**」卻有了很大的變化。一開始的改變是，伽利略（Galileo Galilei，1564～1642）於1609年用望遠鏡觀察月球表面，並於1610年發現了木星的衛星。在這之前的時代，人們都是用「肉眼」觀察宇宙；在伽利略之後，則會使用望遠鏡，捕捉遙遠宇宙的詳細樣貌。

不過，以可見光觀察星體，會受到大氣擾動的影響。位於夏威夷的昴星團望遠鏡，可以在觀測星空時修正大氣擾動，但這需要很複雜的技術。如果像哈伯太空望遠鏡那樣，把望遠鏡送上太空，還能拍攝到地表拍不到的高解析度可見光影像。

用各式各樣的「眼睛」觀看宇宙

隨著這樣的望遠鏡登場，人們就可以捕捉到肉眼看不見的宇宙樣貌。舉例來說，像右圖中以可見光拍攝的「天鵝座」。

不過，只藉由可見光無法捕捉到所有資訊。在黑暗的宇宙中，我們很難透過可見光看出分子等粒子的分布。那麼，對於只能透過可見光看到物體的我們來說，有沒有其他方法可以看到更多資訊呢？

圖1-1-1　透過可見光看到的「天鵝座」　出處：NASA／CXC／SAO

我們人類會自然而然地覺得，可見光就能讓我們看到一切事物。但就像剛才提到的，許多東西在可見光看不到。

這是因為，**可見光只是電磁波中的極小部分**。可見光是一種「**電磁波**」，而除了可見光之外，還有許多種電磁波，從波長較短的看起，包括「伽瑪射線（γ射線）」、「X射線」、「紫外線」，然後是「可見光」，再來是波長比可見光長的「紅外線」、「無線電波（微波、通訊用無線電波等）」等等。不同波長的電磁波，有著不同的稱呼。而且，由不同的電磁波獲得的資訊也各不相同。

在伽利略之後，人們從用肉眼觀測星體，變成藉由望遠鏡觀測星體。到了現代，天文學家則會使用可見光與各種電磁波做為觀測工具。舉例來說，依照電磁波的波長，我們可以將天文學分成無線電波天文學、次毫米波天文學、紅外線天文學、紫外線天文學、X射線天文學、伽瑪射線天文學，以及如過去般使用可見光觀測的天文學。

若能善用這些觀測方式的排列組合，就可以捕捉到我們所在宇宙的各種樣貌，以及在各時刻的變化。

圖 1-1-2 ● 不同波長的電磁波

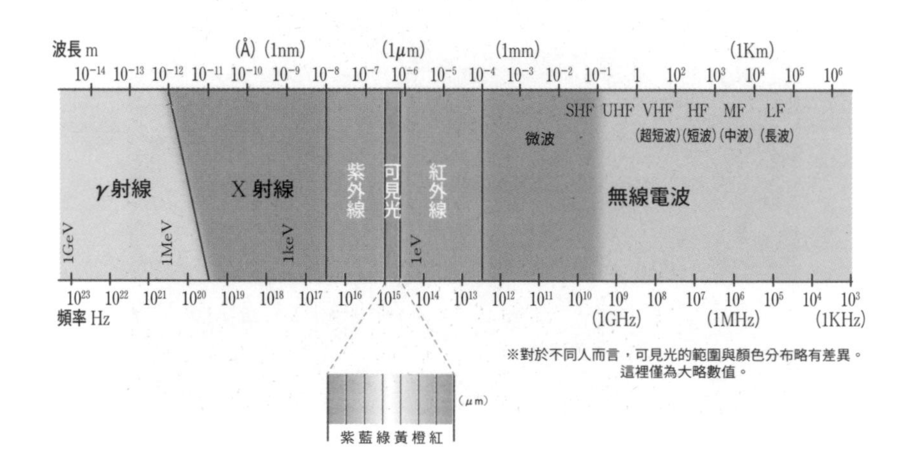

用什麼工具，就能看到什麼？

—— 以能量為電磁波分類

有趣的是，即使觀測的是同一個星系、同一個星雲，或是同一個恆星，用可見光、伽瑪射線、X射線、紅外線等不同的電磁波進行觀測時，就可以捕捉到星體「不同的特徵」。

下圖為「蟹狀星雲」在各種波長下的樣子。波長由長到短分別是❶無線電波（radio wave）、❷紅外線、❸可見光、❹紫外線、❺X射線、❻伽瑪射線。那麼，不同的電磁波下，分別會觀察到哪些特徵呢？

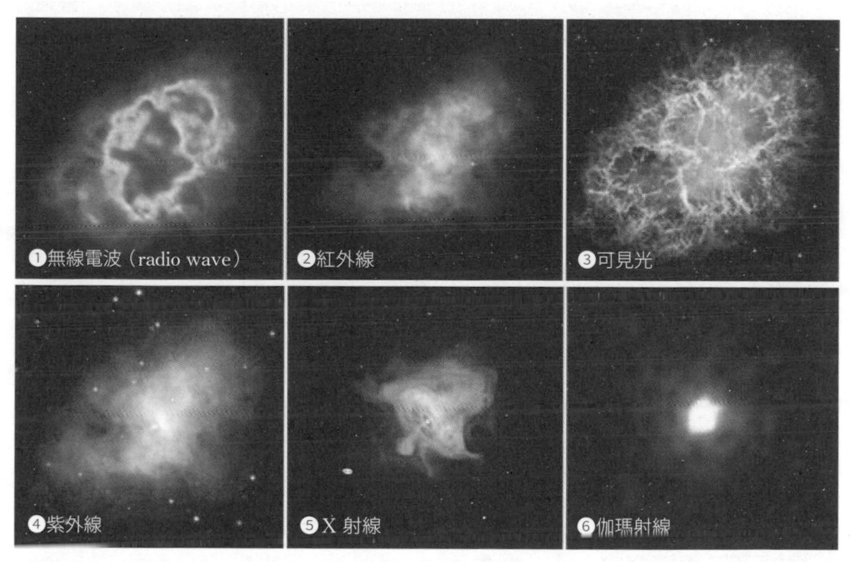

圖1-2-1　各種「眼睛」（電磁波）捕捉到的「蟹狀星雲」樣貌　出處：NASA／CXC／SAO

①用無線電波（電磁波的一種）觀測

首先要介紹的是，使用電磁波中波長最長的**無線電波（radio wave）會觀察到什麼樣的宇宙**。

無線電波主要是由高能電子的同步輻射（synchrotron radiation）所產生。若我們觀測到的電磁波波長愈長，就表示位於觀測處之電子的能量愈低。

以無線電波望遠鏡下較亮的部分為例，可能是星系彼此撞擊後留下的大量塵埃，這些塵埃會成為新恆星的原料，所以該區域為恆星誕生區域，未來將有許多恆星陸續在此誕生。撞擊事件會加速電子，使其在磁場下釋放出無線電波。所以，**用無線電波觀測宇宙，可以發現即將誕生的星系（原始星系）**。圖1－2－2是用無線電波（radio wave）拍攝到的銀河系中心影像。

由於無線電波的波長很長，不容易被地球大氣吸收，所以在地表上也可以觀測到。

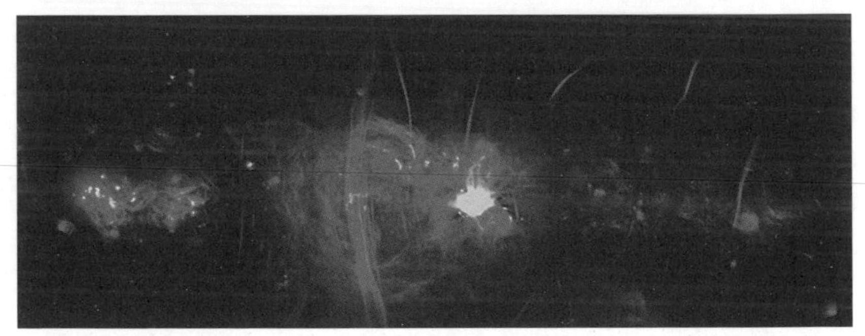

圖1-2-2　用無線電波（radio wave）觀測到的銀河系中心　出處：NASA／CXC／SAO

②用紅外線觀測

再來是用**紅外線**觀測的結果。紅外線可以觀測到能量比無線電波高，但比可見光低的宇宙區域。另外，**某些較小塵埃會吸收可見光，紅外線卻可以直接穿透**（*）；這表示，就算是可見光被擋在前面的小塵埃吸收而無法被觀測到的某些星系或恆星，卻可以在紅外線下清楚顯現出樣貌。

另一方面，也有些較大的塵埃會吸收、放出紅外線，所以和可見光相比，紅外線**可以用來推論「哪些地方有塵埃分布，分布情況如何」**。圖1－2－3為紅外線觀測下的「天鵝座」樣貌。由照片可以看出塵埃在星空中的分布情況。

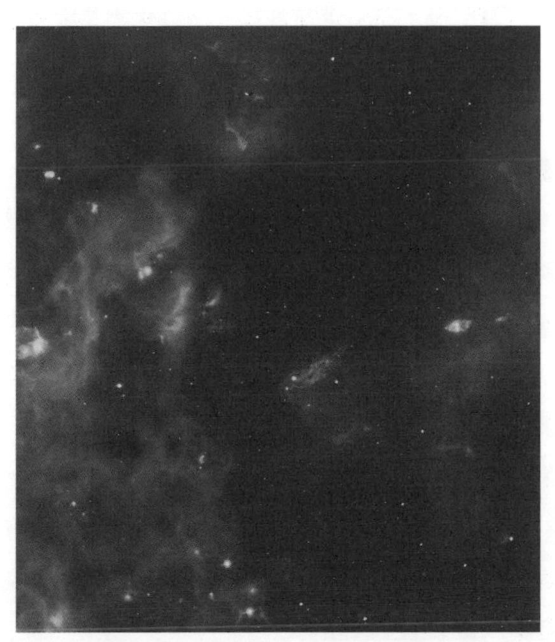

圖1-2-3 紅外線下的「天鵝座」 出處：NASA／CXC／SAO

③用可見光觀測

可見光的觀測是人類的宇宙觀測史中最古老、歷史最長的觀測方式。一言以蔽之就是「用眼睛觀測」。在很久以前，人們只能看到用肉眼可以觀察到的東西，望遠鏡發明後，人們才開始能夠看到更加遙遠的東西。

位於夏威夷毛納基火山山頂的「昴星團望遠鏡」是一架口徑8.2m

（＊）紅外線穿透塵埃的性質
簡單來說，光線會穿透或是撞擊、散射，取決於波長與粒子大小。請參考第1章第4節。

的光學紅外線望遠鏡，它是由日本自然科學研究機構，國立天文台夏威夷觀測所營運的。

④用紫外線觀測

與可見光觀測相比，「用紫外線觀測」時，可以讓較高溫區域看起來更為明亮。**因為較亮的部分溫度較高，所以也常是較重恆星誕生的區域。**

⑤用X射線觀測

若觀測到某星體釋放出的X射線，就表示這個星體具有相當高的能量，會放射出超高溫的熱電子，熱電子的溫度高達數百萬K（絕對溫度）至數億K。更高能量的電子於同步輻射時，也可能會釋放出X射線。因此**用X射線觀測的特色在於，能夠辨識超新星的殘骸、脈衝星風雲、中子星、黑洞吸積盤等星體**。X射線會被地球的大氣層阻擋（吸收），所以**X射線的觀測必須以人造衛星在太空中進行。**

圖1－2－4是用X射線觀測銀河系中心部分時看到的樣子。圖1－2－5是用X射線觀察2個星系合併（Abell2146）時看到的樣子，若用可見光觀測，則會看到圖1－2－6。

圖1-2-4　用短波長X射線觀測的銀河系中心　出處：NASA／CXC／SAO

圖1-2-5　用X射線觀測2個星系團的合併（Abell2146）　出處：NASA／CXC／SAO

圖1-2-6　用可見光觀測的Abell2146　出處：NASA／CXC／SAO

⑥用伽瑪射線觀測

最後要介紹的是電磁波中波長最短的**伽瑪射線**（γ射線），這是一種能量比X射線還要高的電磁波。用伽瑪射線觀測可以捕捉到超新星殘骸、脈衝星風雲、中子星、黑洞吸積盤、活動中的星系核心、伽瑪射線暴等星體或天文現象。**用伽瑪射線觀察到的物體，溫度都在數億K以上**，包括高能電子或宇宙射線等輻射線。

突破電磁波之壁的微中子、重力波為何？

——微中子天文學、重力波天文學

如同我們前一節中提到的，同樣是宇宙觀測，使用不同種類的電磁波，看到的影像也會完全不同。不過，這些影像有個共通點——**看到的都是「過去的宇宙」**。

光以每秒30萬km的速度前進。在這個宇宙中，光的速度最快。但即使如此，光速仍是「有限的速度」。從太陽表面釋放出來的光，抵達地球仍需要約8分鐘的時間。

- 太陽到地球的距離＝約1億5000萬km
- 光速（秒速）＝約30萬km

1億5000萬km÷30萬km＝500秒≒8分20秒

也就是說，我們所看到的太陽光，其實是「8分鐘前的太陽光」，並不是現在這個瞬間的太陽光。

同樣的，由於仙女座星系的位置距離地球有250萬光年，所以我們現在看到仙女座星系的光芒，其實是250萬年前發出的。差不多就是人類於非洲誕生時的仙女座所發出的光芒，在此刻終於抵達地球了。這也就表示，

離我們愈遠，就是「愈古老的宇宙樣貌」。

那麼，我們看得到宇宙剛誕生時（138億年前）的樣貌嗎？可惜的

是，這點實在做不到。我們之後會提到，如果只使用電磁波，最早只能看到宇宙誕生38萬年後的樣子。也就是說，用電磁波無法看到宇宙剛誕生時，如火球般的樣貌，這可以說是電磁波的極限。

不過，**有些工具或許能突破這個電磁波的極限**。那就是本書的主題「**微中子**」與「**重力波**」。

本書將會說明微中子做為基本粒子時的特徵（微中子振盪、擁有質量等），並且也會解說2015年第一次捕捉到的重力波。此外，還會提到由兩者發展出來的「**微中子天文學**」以及「**重力波天文學**」所具有的可能性，及介紹與此有關的最新資料。

「看得見」與「看不見」的差異在哪裡？

—— 電磁波的交互作用

●是否會碰撞、散射—①與「大小」有關

使用可見光、X射線、紅外線等觀測星體時，看得見的東西都不一樣。我們常用「看得見」、「看不見」等詞彙，那麼「看得見」究竟是什麼意思呢？

由於人類是透過可見光才能看見東西的，所以「看得見」的意思其實是「光（可見光）進入眼睛」。相反的，「看不見」則是「光沒有進入眼睛」。

光之所以沒有進入眼睛，是因為光撞到了某個東西而散射掉，使其改變了前進方向，這樣光就無法抵達人類眼睛中了。

舉例來說，當光撞擊到質子、氫離子之類的粒子時會散射，而改變方向，使我們看不到這道光。不過，光並不是碰上任何東西都會散射，光的散射有一些條件。

簡單來說，如果光波長與物體大小相近，或者比物體小時（物體較大時），就會散射。這點對於無線電波、X射線也一樣。

圖 1-4-1 ● 光波長與物體相近時，就會碰撞、散射

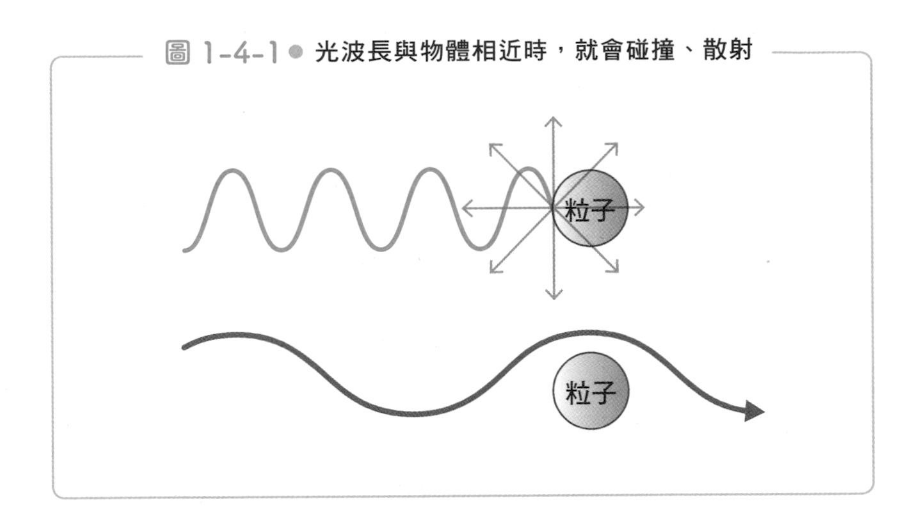

如圖1－4－1所示，當光波長比粒子大時，光就會避開粒子，難以與其碰撞。相反的，當光波長比粒子小時，光就比較容易撞上粒子。依照波長大小，電磁波可分為波長較短的伽瑪射線、X射線、紫外線、光（可見光），以及波長較長的紅外線、無線電波（包括微波）等等。

無線電波的波長比可見光長。這表示以可見光與無線電波觀測同樣的東西（粒子）時，可見光可能會與粒子碰撞，使可見光散射而看不見；無線電波則有可能順利避開粒子，並被偵測器偵測而看得見。我們在第1章第2節中也提過，紅外線、可見光、X射線等的波長各不相同，看到的東西也不一樣(*)，就是這個原因。

所以說，若光波長比某物體（粒子）還要小，就會撞上該物體。舉例來說，蛋白質等高分子、宇宙塵埃等物體的大小與可見光相仿，所以會擋掉可見光，或使其散射，我們便看不到這些物質後面的可見光。所以當人體、岩石、恆星在我們眼前時，我們也無法透過可見光（肉眼）

（*）看到的東西也不一樣
這裡的說明忽視了「繞射、折射效應」。

看到它們內部的樣子。這是由於可見光會被蛋白質或岩石彈開的緣故。嚴格來說，光的撞擊需以幾何光學分析、光的迂迴前進需以波動光學分析。在波動光學的框架下，光會改變前進方向，這也可視為散射的一種。不過詳細內容非本書主題，這裡就不討論。

●是否會碰撞、散射—②「交互作用」與粒子大小

「大小」與碰撞、散射有關，這件事應該不難理解。那麼大小又是如何決定的呢？這裡的大小指的是「**交互作用**」（這裡主要指的是「電磁」交互作用）的尺度大小。

我們的身體由無數個原子與分子構成。如圖1－4－2所示，原子內部的原子核中含有質子（正電荷），外圍有電子（負電荷）環繞。這個軌道半徑的大小，決定了電磁交互作用的尺度大小。也就是說，原子的大小決定了電磁交互作用的尺度大小。

圖 1-4-2● X 射線撞擊到電子

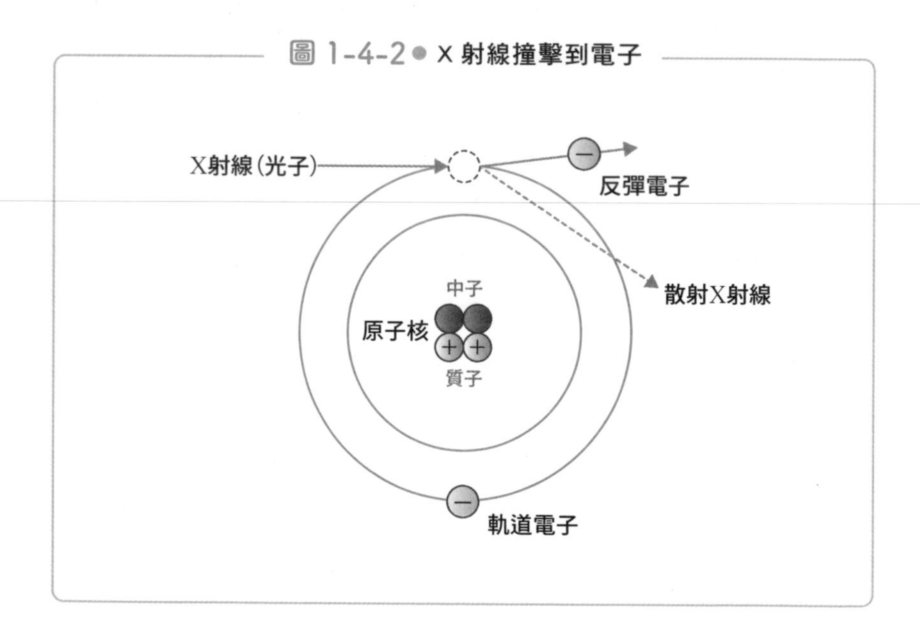

因此，波長比原子半徑還要長的光，無法區別質子與電子的電荷。這樣的波長長的光難以與質子或電子碰撞、難以散射。

另一方面，像X射線這種波長遠比原子半徑短的光，就可以區別出氫原子內的質子與電子。也因為如此這些擁有電荷的粒子，可以散射X射線。

電磁波與帶電粒子的電磁交互作用，可讓電磁波散射。不過**微中子這種不帶電荷、不會產生電磁交互作用的粒子（電中性輕子），就不會讓電磁波散射了**。

尤其，微中子只會產生弱交互作用。只有會產生弱交互作用的東西撞擊到微中子時會散射，而弱交互作用的尺度非常小，所以散射機率也非常小。這就是為什麼微中子的檢測難度那麼高。

●溫度由「碰撞、散射」產生

我們日常生活中常會用到「溫度」這個詞。事實上，這裡的溫度也和「碰撞、散射」有關。因為只有當散射十分頻繁，達到熱平衡（吸熱與放熱達到平衡的狀態）時，才能定義溫度。

舉例來說，人體內部各種分子的散射十分頻繁，且吸熱、放熱達到平衡，所以身體會有個固定的溫度，並持續釋放出電磁波，而人體主要釋放的是紅外線。體內各種分子劇烈碰撞，並達到熱平衡時，就會產生熱能。而由這些分子構成的身體，會吸收紅外線與可見光，所以紅外線與可見光無法穿透人體。溫度可以說是碰撞、散射等現象的激烈程度指標。

太空中也一樣。聚在一起的氣體分子在反覆吸熱、放熱的過程中，就會產生溫度（溫度愈低，波長愈長），可透過望遠鏡觀察到。物質是否達到熱平衡、是否有固定溫度，需由其釋放出來的光譜波長判斷。如果達到熱平衡，有固定溫度，那麼光譜會有一個峰值，呈所謂的普朗克光譜。如果未達到熱平衡，就不會有峰值。

太陽的表面為6000K（絕對溫度），會釋放出可見光，所以我們可以看得見；但太陽內部的粒子則會劇烈碰撞、散射，對於可見光而言為不透明物體，溫度高達數百萬K，為超高溫物質。所以說，即使透過可見光或紅外線觀察太陽，也無法看到太陽內部狀態。不過，只要改變波長（*），就能夠看得到太陽內部的情況。

（*）只要改變波長

金屬是例外。金屬周圍有許多自由電子繞行，即使處於電中性，電子也能自由出入。所以不管光的波長多大，都會撞擊到金屬原子。無線電波之所以會被高樓大廈遮蔽，是因為電波碰上建築物內部的鋼骨時散射掉的關係。以蛋白質為例，波長較長的紅外線照射到蛋白質時，不會散射，而是會直接穿過，可見光或紫外線則會幾乎完全散射掉。波長較短的X射線或伽瑪射線會散射，但也因為能量過高而破壞蛋白質。不過，它們無法進入原子結構，所以不會破壞原子。

微波讓我們初次捕捉到「宇宙化石時代」

——宇宙微波背景輻射（CMB）

物理學的領域中將光稱做**電磁波**，不同波長的電磁波各有不同的名稱。

我們最熟悉的電磁波是可見光。若將可見光分解成不同波長的光，可以得到彩虹。位於可見光正中央的黃色，是名為可見頻帶（visible band）的頻帶（band）。

波長比這段頻帶長的光為橙光、紅光，波長更長的光則是我們人眼看不到的紅外線。太陽雖然也會釋放出紅外線，但因為其波長位於我們可見光的範圍之外，所以我們看不到太陽的紅外線。紅外線的波長則接近微生物大小。另外，包括微波在內的各種「無線電波」，波長比起紅外線更長。

無線電波頻帶相當廣，通常會再依照波長細分成各個頻帶並逐一賦予名稱。這裡要特別注意的是無線電波中的「**微波**」。

之後我們會經常提到的「**宇宙微波背景輻射**（cosmic microwave background）」，一般簡稱為**CMB**。這可以說是宇宙在138億年前留下的「光之化石」，藉由研究CMB就能夠朝「宇宙如何誕生？」這個龐大主題的真相更進一步。而此時使用的電磁波就是微波。

另一方面，波長比可見光的可見頻帶還要短的光（圖1－5－1左側），包括彩虹中的藍、紫光；若是波長更短的話，則會進入人類眼睛看不到的紫外線頻帶。太陽光中也含有一些紫外線，但人眼看不到這些紫外線。**宇宙中許多較大、溫度較高的恆星，會釋放出比太陽還多的紫外線**。雖然都是電磁波，宇宙中卻存在著許多我們眼睛看不到的輻射（非可見光）。

圖 1-5-1 ● 各種電磁波

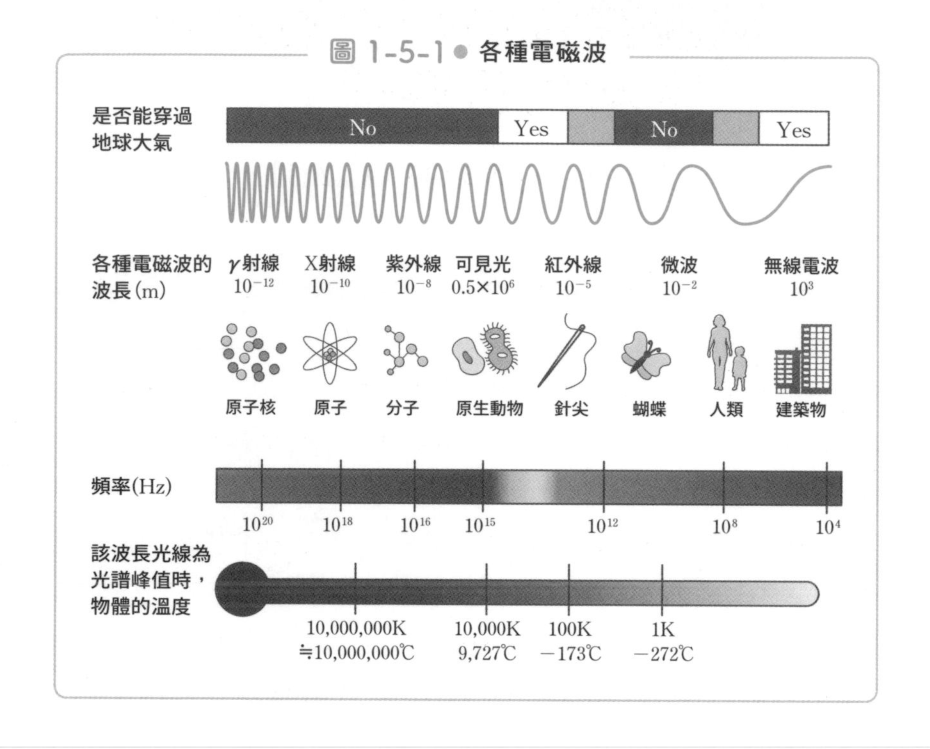

● 波長不同的電磁波有什麼差異？

波長不同的電磁波有什麼差異呢？最大的差異就在於「能量的大小」。天文學中會用頻率Hz來表示不同波長的電磁波，宇宙論或基本粒子論則會用eV（電子伏特）這個能量單位來表示。可見光的能量約在1～3eV這個範圍內。

紫外線、X射線、伽瑪射線的波長比可見光短，波長愈短，能量也跟著急遽增加。相對的，波長較長的無線電波，能量則相當低。以下為各電磁波能量的大略數值。

圖 1-5-2● 不同電磁波的能量大小

伽瑪射線	1×10^{5} eV～	可見光	1.6～3 eV
X射線	100～1×10^{5} eV	紅外線	1×10^{-3}～1.6 eV
紫外線	3～100 eV	無線電波	0～1×10^{-3} eV

談到宇宙或基本粒子時，基本上都會提到能量，而且幾乎都會看到「eV（電子伏特）」這個單位。**eV可以當做能量、溫度、質量的單位**，第一次看到的時候可能會有些疑惑，但如果能理解這個概念，就能迅速理解各種原理。eV的詳細說明請參考後面的專欄。

波長倒數乘上光速後，就是頻率（赫茲，Hz）。舉例來說，黃色可見光的頻率約為300THz（Terahertz，兆赫茲）。黃色可見光的對應波長約為6000Å。1Å（埃）為10^{-10}m。

圖 1-5-3● 頻率與波長的關係

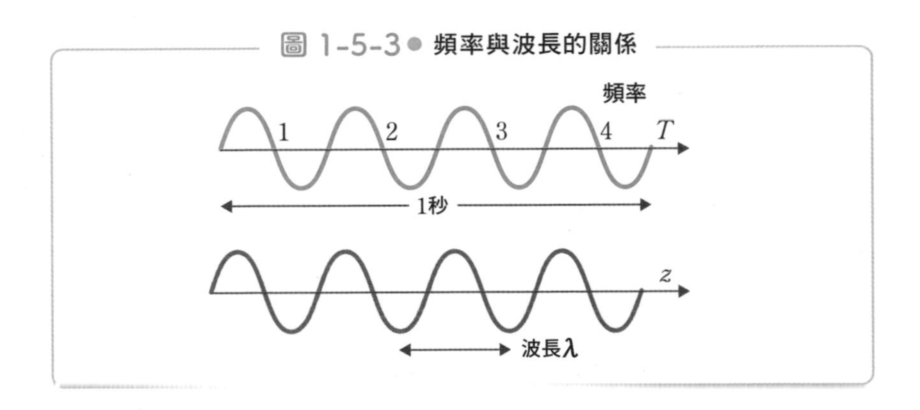

● eV也用於表示溫度

達到熱平衡時，eV也可用於表示「溫度」。前面提到可見光約為1eV～3eV。若換算成溫度，那麼就像第1章末專欄提到的，1eV大約就是1萬K。

$$1\text{eV} \fallingdotseq 1\text{萬度（K）}$$

這裡的K表示**絕對溫度**，若換算成攝氏溫度，大約是「－273℃＝0K」。我們日常生活中，使用的是攝氏溫度（℃），eV對應的溫度則是「絕對溫度（K）」。將這個數值換算成攝氏溫度時，只要加上273就可以了。

不過因為1eV約為1萬K，所以將eV換算成攝氏溫度並取概數時，273會小到可以直接忽略不計。也就是說，1eV約等於1萬K，也約等於1萬℃。

可見光約為1eV，X射線約為1keV，伽瑪射線約為100keV以上。因此，峰值為X射線的物體，溫度約為1000萬K；伽瑪射線的溫度則是10億K以上。

氫原子的半徑稱做波耳半徑，約為0.529×10^{-10}（m）。X射線的波長大約也是這個長度，所以會被氫原子散射。事實上，可激發電子、使其轉變成激發態（高能量狀態）的光，也會被電子散射，所以波長為波耳半徑100倍的光也會被散射。

不過，波長過長的無線電波，無法區別2種電荷（電子的－，與質子的＋），看起來是電中性，所以不會有散射現象。

相反的，波長比可見光短的紫外線、X射線、伽瑪射線可以區別電子與質子，所以會撞上電子與質子，沒有撞上這些物質的電磁波則會直接穿過。譬如照X光時，部分X射線會直接穿過我們的身體，部分X射線則會撞上體內物質而被擋下，所以可以拍出X光片。不過，無線電波的波長較長，會繞過我們的身體，所以我們無法用無線電波來拍攝人體。

由微波看到的「宇宙背景輻射」

宇宙於138億年前誕生。誕生後的約38萬年間，宇宙處於「火球」狀態（光球）。不用說，這是發生於138億年的事。我們可以用微波（無線電波），拍下宇宙誕生後38萬年的火球表面樣貌，這個圖像就是「**宇宙微波背景輻射**（CMB：cosmic microwave background）」的全天圖。

圖1-5-4　普朗克衛星拍下的全天圖（顯示出宇宙僅有10萬分之1的擾動）　出處：ESA

在這之前的事件位於「火球內部」，別說是可見光，就連用微波也捕捉不到。

在宇宙誕生後的約38萬年間，**宇宙處於「火球」狀態，光線散射不穩定，無法被觀察到**。到了誕生後38萬年，宇宙火球中的熱平衡能量降至約0.3eV（可見光區域～紅外線區域）。換算成溫度時，1eV＝

1萬K，所以0.3eV的能量約為3000K。

高溫狀態下的電子，會與自由飛行的光子反覆碰撞、散射。當宇宙溫度降至3000K時，多數電子會被質子捕捉，形成電中性的氫原子，此時的光子便能在不被電子妨礙的情況下直線前進。若沒有降至這個溫度，氫原子就會持續與周圍的光子碰撞、崩毀。因此在這之後，光子的散射大幅減少，使宇宙變得透明，也叫做「**宇宙放晴**」。

宇宙之窗

研究宇宙時必備的 eV的知識與計算方式

本書會經常提到eV（電子伏特）這個詞。eV原本是「能量單位」，不過實際使用上也常含有溫度的意義。有時候也會做為質量單位，使用方式十分多樣。

另外，eV也可以衍生出keV（千電子伏特）、MeV（百萬電子伏特）、GeV（十億電子伏特）、TeV（兆電子伏特）等單位。雖然範圍相當廣泛，有時會讓人覺得難以理解，但若能掌握這個單位，在閱讀與宇宙及基本粒子有關的解說書籍時，會有很大的幫助。以下就簡單介紹一下這個單位吧。

首先，我們提到eV是「能量單位」。**1eV是「用1伏特的電位差為1個電子加速時需要的能量」**。eV通常讀做「電子伏特」。

- meV（毫電子伏特）＝0.001eV＝10^{-3}eV
- eV（電子伏特）＝1eV＝10^{0}eV
- keV（千電子伏特）＝1000eV＝10^{3}eV
- MeV（百萬電子伏特）＝1,000,000eV＝10^{6}eV
- GeV（十億電子伏特）＝1,000,000,000eV＝10^{9}eV
- TeV（兆電子伏特）＝1,000,000,000,000eV＝10^{12}eV

1/1000		1000	100萬	10億	1兆	1000兆
m(毫)	1	k(千)	M(百萬)	G(十億)	T(兆)	P(千兆)
meV	1eV	keV	MeV	GeV	TeV	PeV

若將eV換算成溫度、質量，可得到以下數值。

● 溫度　1 eV＝1萬2000K（*）
● 能量　1 eV＝1.6×10^{-12}erg
● 質量　1 eV ＝1.8×10^{-34}公克

（＊）溫度的換算並非「1eV剛好等於1萬2000K」，而是概數。換算時需除以波茲曼常數k＝8.617×10^{-5}eV/K，故可得到1(eV)÷(8.617×10^{-5})(eV/K)＝11605(K)，故計算時可取概數1萬2000K。若僅用1個位數表示，可取概數1eV＝約1萬K。

第2章

微中子與重力波可幫助我們解開「宇宙之謎」

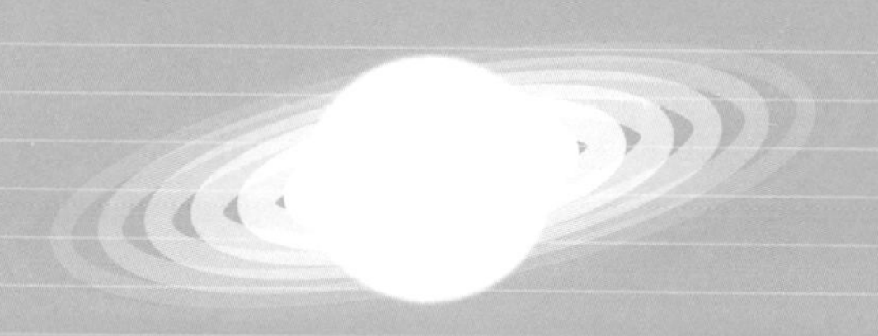

用微中子可以看到什麼呢？

——用電磁波永遠無法看到的世界

光在1秒可以前進30萬km，但這仍是有限的速度。換言之，即使是光，要前進一段距離，仍需花上一定時間。如前所述，我們看到的太陽光，其實是8分鐘前從太陽表面發射出來的光，也就是8分鐘前的太陽樣貌。同樣的，夜晚看到的仙女座星系距離我們250萬光年，所以我們現在看到的仙女座星系，也就是它250萬年前的樣貌。

所以說，看著遠方的恆星或星系，就是在看著過去的宇宙歷史。

我們可以用微波看到誕生38萬年後的宇宙樣貌（前面的圖1－5－4的普朗克衛星圖片），那麼有其他方法可以看到在這之前的「原始宇宙樣貌」嗎？

可惜的是，不管是可見光、微波，還是X射線，只要使用的是電磁波，就無法看到在這之前的宇宙樣貌。

微中子可以讓我們看到更深處的物質嗎？

不過，除了電磁波之外，還有其他方法，或許能幫我們達到這個目標，那就是「使用微中子」。

譬如在觀察太陽之類的星體時，我們就能用微中子拍下其內部照片。通常在觀察太陽這種恆星時，我們可以用光捕捉光球外側（表面）的樣子，卻無法用光捕捉太陽內側的樣子。

不過，用微中子就可以看到太陽中心附近的樣子。

圖 2-1-1 ● 可抵達太陽中心附近的微中子

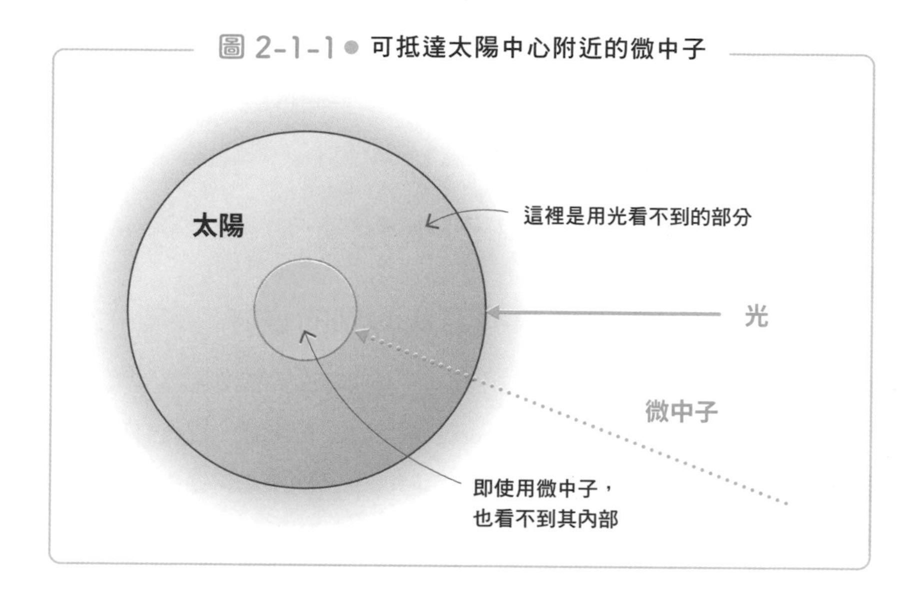

下方圖片是位於岐阜縣神岡礦山的**超級神岡探測器**(*)（宇宙基本粒子觀測裝置）拍到的太陽中心照片。

圖 2-1-2 ● 用微中子看到的太陽樣貌

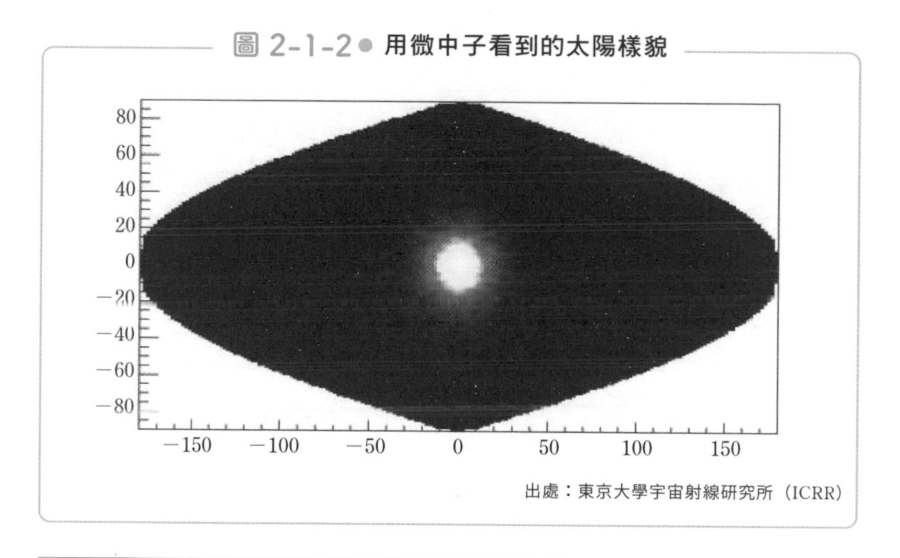

出處：東京大學宇宙射線研究所（ICRR）

（*）**超級神岡探測器**
位於岐阜縣飛驒市神岡町，是世界最大的水契忍可夫宇宙基本粒子觀測裝置。1991年開始建設，1996年4月開始進行觀測。超級神岡探測器完成後，神岡探測器也跟著退役。

圖2－1－2的照片是用微中子觀測太陽時看到的樣貌。

●挑戰天文學之謎的微中子觀測

用微中子觀察宇宙，或許能看到超新星爆發、中子星雙星合併，或是活動中的星系核心噴流。

另外，某些星體會在短時間內釋放出伽瑪射線，稱為「伽瑪射線暴」。目前我們還不曉得其發生成因，不過伽瑪射線暴發生時，黑洞的周圍必定會出現被稱為**吸積盤**（accretion disk）的圓盤，**因此有可能是從吸積盤釋放出大量微中子**。所以伽瑪射線暴的觀測常與微中子研究同時進行。

天文學中仍存在許多未解之謎，而「噴流」為什麼會以那麼強的力道噴出，也是其中一個謎。在電腦模擬的情境下，與現實中出現的噴流不同，噴流又粗又短，且很快就結束。不過，我們觀察到的是又細又長，且能以接近光速的速度噴出的噴流，這種噴流是如何形成的呢？可惜的是，我們仍不曉得答案。

另外，觀察噴流時，會發現噴流乍看之下似乎有著超越光速的速度。有人猜測，伽瑪射線暴可能是噴流的本質，但實際情況仍不明。人們期待透過微中子的觀測，能成為解開這個謎團的線索。

宇宙之窗

微中子是什麼？

微中子是「**基本粒子**」的一種。若要用一句話來說明微中子的特徵就是「**微中子是沒有電荷的電子**」。另一個特徵則是，微中子可直接穿透幾乎所有東西。舉例來說，每秒約有100兆個微中子穿過一個人的身體，但幾乎不會與人體產生碰撞。不僅如此這些微中子打到地面時，也會直接穿過地球內部，從另一側飛出。所以我們很難確認微中子的存在，這也使微中子被賦予了「幽靈粒子」的暱稱。

構成物質的基本粒子

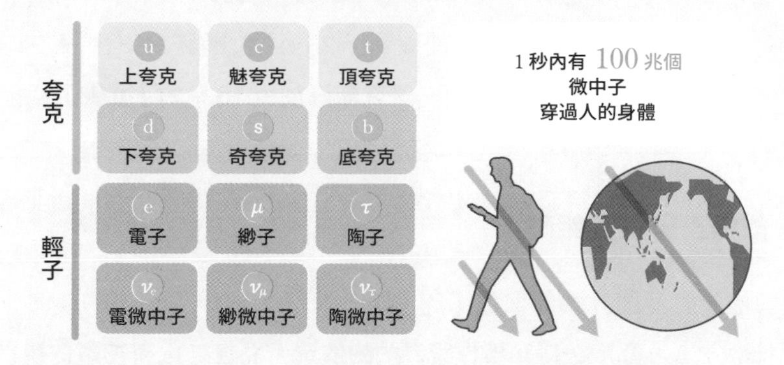

微中子會以接近光速的速度飛行，所以長久以來，科學家們都認為微中子是「沒有質量的基本粒子」（現在已證明微中子有質量）。另外，宇宙中存在大量名為**暗物質**的神祕物質，曾有人認為微中子可能是構成暗物質的基木粒子，但現在主流意見認為微中子質量過輕，不可能是暗物質。

有許多神奇性質的微中子，理論上應可讓我們看到宇宙誕生後約1秒的狀況。本書將一步步說明微中子有什麼神奇的性質。

用重力波可以看到什麼？可以看多遠？

—— 黑洞的事件視界

近年來，微中子、重力波的相關討論愈來愈常見。重力波的檢出甚至被認為是「愛因斯坦留下的最後難題」。2015年9月，美國名為LIGO（*）的重力波觀測裝置捕捉到了2個巨大黑洞合併所產生的重力波，成為了一時的熱門話題。研究團隊於2016年2月發表了相關研究。

能夠正確測量距離

黑洞有個連光都無法逃出的「**事件視界**（event horizon）」，不管用什麼方法，都無法得知事件視界內的情況。而且，只有在事件視界半徑3倍以外的地方，物質才能在穩定軌道上運行。不過，我們或許可以透過重力波，獲得事件視界附近的資訊。

LIGO於2015年9月發現的重力波，來自黑洞雙星的碰撞、合併，後來也發現了中子星雙星的合併事件所產生的重力波。**中子星**是大型恆星在超新星爆發後所產生的中子，聚集而成的星體。重力波的觀測結果，證實了中子星的存在，也讓我們能夠測量中子星的硬度。中子星的密度很大，1顆方糖大小的中子星物質，質量就超過100兆g。這對原

（*）LIGO（Laser Interferometer Gravitational-Wave Observatory，雷射干涉儀重力波觀測天文台）為了檢測重力波，分別於美國的路易斯安那州及華盛頓州，建設規模達4km×4km的巨大雷射干涉重力波觀測所。2015年9月14日成功檢測出重力波，為世界首例。發音為「lai-go」。

子核物理學與強子物理學的發展有很大的貢獻。

在天文學上，重力波可以做為「決定距離」的工具。中子星發出的脈衝波十分規律，可以做為距離的良好指標。而且因為宇宙正在膨脹，就測量結果而言，遠方中子星的週期會愈來愈長，所以由週期的變化，可以得知我們與中子星間的正確距離。

過去都是用光來推測恆星與我們的距離，現在又有了一個更精確的距離測量工具。如此一來，我們就可以得知重力波通過地球時的各種時空資訊，譬如這段空間的彎曲程度如何、存在多少眼睛看不到的暗物質（dark matter）與暗能量（dark energy）、宇宙膨脹率（哈伯常數）又是多少等等，都可以透過獨立的方式推算出來。

圖 2-2-1 ● 占滿整個宇宙的暗物質、暗能量

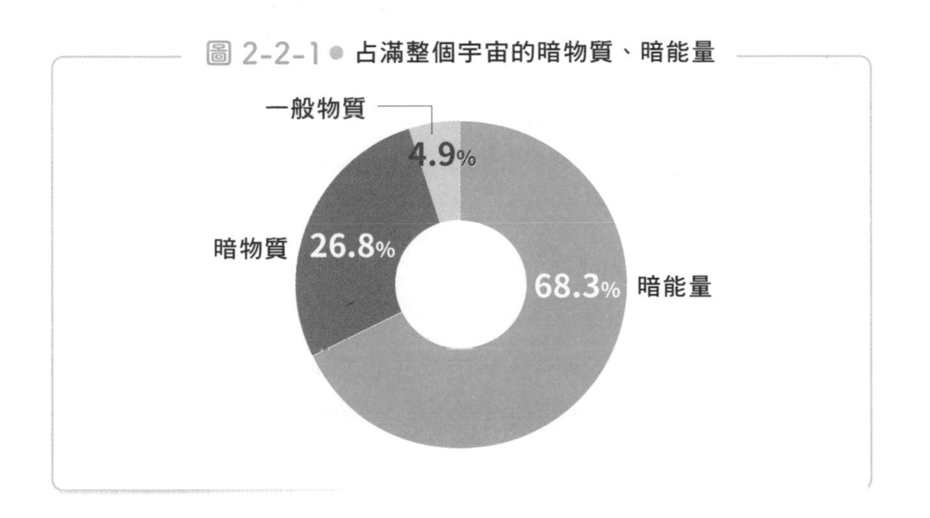

超新星爆發時會釋放出重力波。如果超新星爆發是完全球對稱的話，便不會釋放重力波，但通常爆發會有一些扭曲（稱做四極子輻射），所以會釋放出重力波。若能觀測到這個重力波，就能透過微中子掌握更多超新星內部的資訊。

重力波是觀測宇宙時的強力工具。

●對於量子重力的期待

除此之外，觀察重力波，或許有助於「量子重力理論」的發展，這是超越了愛因斯坦廣義相對論的理論。觀測重力波時，由於看的是事件視界附近產生的重力波，因此科學家們期待或許可以透過觀察這裡產生的重力波，看到違背廣義相對論，或者說是違背愛因斯坦的重力理論的結果。

譬如2015年，人類第一個檢測到的重力波「GW150914」（意為「重力波：2015年9月14日」），源自2個黑洞的碰撞。2個質量約為太陽30倍的黑洞彼此碰撞，合併成1個黑洞。此時釋放出來的重力波波形，與廣義相對論的預測完全相符。而且，這個重力波的來源就是事件視界附近。視界很重要的點在於它完全符合廣義相對論的預測。未來，如果能更精準地觀測重力波，或許就能看到量子重力產生的影響。這也是重力波天文學對基礎物理造成的影響之一。

宇宙之窗

重力波是什麼？

重力波是「重力產生的波」。如果把石頭噗通一聲丟入池中，水面會先凹陷下去，然後由石頭產生的波會逐漸往外傳開。同樣的，如果把重物放在彈跳床或軟網上，彈跳床或軟網也會凹陷下去。而當重物移動時，彈跳床或軟網也會產生波動，並像水面波一樣往外傳開。

宇宙的重力對時空的影響也類似。若空間中存在重物（輕物也一樣），那麼該空間就會出現扭曲，這也被稱為「**時空的扭曲**」。重物移動時，就會**在宇宙中產生波，並往外傳遞**，這就是所謂的「**重力波**」。

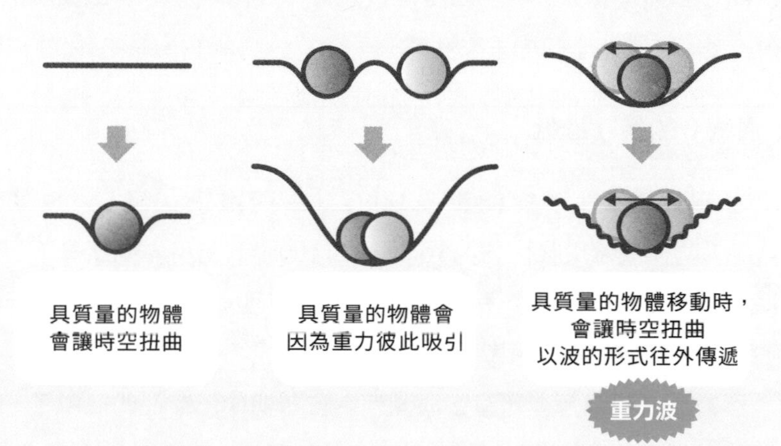

重力波是非常弱的波，卻包含了許多其他物質或波所沒有的重要資訊。譬如2個相撞的黑洞質量有多大、產生了多大的黑洞、黑洞間彼此距離有多遠、宇宙剛誕生時是什麼樣子等等。重力波就像是指引我們前往寶山的指標。

重力波是推論「宇宙誕生」狀況的線索

—— 了解宇宙誕生1秒內的狀況

如同我們前面提到的，我們最早只能看到宇宙誕生38萬年後留下的電磁波。若想看到在這個時間點以前，接近大霹靂時期的宇宙，微中子很可能是最佳工具。不過，微中子也不是無所不能，可見範圍還是有極限，最早只能看到「宇宙誕生後1秒」左右。

溫度（能量）過低

宇宙誕生1秒後的能量為1MeV（百萬電子伏特），也就是10^6eV，轉換成溫度後大約為10^{10}K，即100億K。用光雖然看不到這個時候的宇宙，但用微中子觀看全天宇宙時，則可看到「火球」宇宙的表面。不過，我們目前還做不到這件事。

因為我們目前還無法直接觀測到宇宙初期便已存在的微中子。最主要的原因是，這種微中子的能量太低。這種微中子目前的溫度（*）約為2K（負271℃）。而CMB（宇宙微波背景輻射）的溫度約為3K（負272℃），因此微中子的溫度比CMB還要接近絕對零度（絕對溫度＝0K）。

微中子的能量愈高，愈容易散射，但宇宙初期留下的微中子能量過低，幾乎不會散射。因此，我們無法直接觀測到微中子。如果未來因為

（＊）**微中子、CMB的溫度**
精確來說，微中子目前的溫度是1.95K、CMB是2.73K。

某種技術革新，使我們能夠看到宇宙初期留下的微中子的話，那麼當我們將這種觀測裝置朝向宇宙時，或許就能看到宇宙誕生後1秒左右所產生的微中子，也就是火球表面的樣子了。

●看到微中子「擾動」的可能性

宇宙微波背景輻射（CMB）中，可以看到微波顯示出的些微溫度差，也就是電磁波的「擾動」。同樣的，觀測微中子時，也可能會看到「微中子的擾動」。

科學家不只是測出CMB的溫度（3K）就算了，還可以透過些微的溫度擾動，判斷宇宙的**暴脹模型**（於下一個專欄中介紹）是哪一種。除了CMB的擾動之外，如果可以看到微中子的擾動的話，或許就能分析出包含暴脹模型在內之宇宙初期可能樣貌的詳細情況。

另外，已知如果溫度、暗物質、原子的擾動情況不同的話，就不會發展成現在我們看到的各種星系。換言之，要形成星系，溫度與各種物質的擾動情況必須相同才行。這種擾動現象就叫做「**絕熱擾動**」。

相對於此，目前還沒有任何微中子擾動的資訊。不過，只要能夠找到宇宙誕生初期產生的微中子，並分析這種微中子的擾動，就可以確認微中子擾動與暗物質或溫度的擾動是否有矛盾。

宇宙之窗

從玻璃珠擴張到星系的大小（暴脹時期）

宇宙誕生後，在僅僅的10^{-38}秒後，產生了指數函數般的急速膨脹，名為「**暴脹**」。這是1981年，日本的佐藤勝彥與美國的古斯（Alan Guth）提出的宇宙理論。緊接在暴脹之後的是我們常聽到的的「**大霹靂**」，形成一個火球般的宇宙。這個火球般的宇宙，就叫做大霹靂宇宙。目前科學家認為，大霹靂的宇宙膨脹在宇宙暴脹時期之後，這和名稱給人的印象剛好相反，聽起來或許有些諷刺。

那麼，暴脹時期的急速膨脹，究竟規模有多大呢？

以我們目前所知的資訊推算，宇宙在誕生的10^{-38}秒後，一口氣膨脹到原本的10^{23}倍。在這之後，大霹靂宇宙仍持續以較和緩的速度膨脹，之後花費138億年的時間，終於膨脹到大霹靂時期的約10^{28}倍。

暴脹時期中，宇宙膨脹成原本的10^{23}倍。這膨脹究竟有厲害呢？舉例來說，就像是**一個玻璃珠（直徑1cm）在一瞬間膨脹成「銀河系大小」**——這樣的膨脹大約就是10^{23}倍，也就是宇宙暴脹的程度。

銀河系的直徑約為10萬光年，光從一端跑到另一端需花費10萬年。在宇宙初期，空間可以說是以超越光速的速度在膨脹。

順帶一提，這只是代表宇宙整體（空間）的膨脹速度超過光速而已，並不代表粒子速度超過光速。所以這並沒有違背相對論中的「任何物體都無法超越光速」。

玻璃珠在一瞬間膨脹成銀河系大小

之後的宇宙膨脹相當慢？

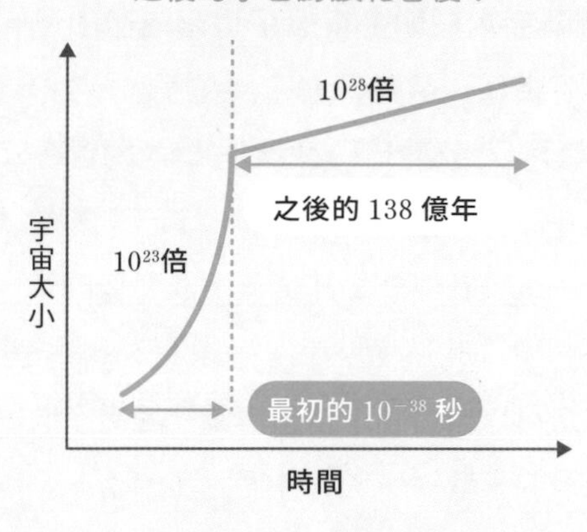

微中子存在於何處？

——拍攝「火球」宇宙

你我周遭存在著無數初期宇宙殘留下來的微中子，1cm^3約有300個。微中子共有3個世代，還各分成正反粒子，故共有6種，6種加起來共約300個。或者可以這樣計算，每顆方糖內約含有300個微中子。

不過，這些微中子的溫度只有2K（−271℃）。雖然微中子的數量很多，但每個微中子所具有的能量卻很低。能量低的話，散射頻率也會非常低。

我們有各種方法可以讓質子、中子、電子等粒子散射，但要讓宇宙初期誕生的低能量微中子散射，是一件很困難的事。

由於我們已經知道，讓微中子散射的機率，與微中子能量的平方成正比。若能量太低，機率也會變得非常低。因此，即使1cm^3的空間內有多達300個宇宙誕生時便已存在的微中子，我們也很難看得到這些微中子。

有趣的是，因為它們與其他物質的交互作用很弱（弱交互作用），所以早在從宇宙誕生後1秒起，它們就從火球中逃了出來。

這點與光子不同，光子與其他粒子的交互作用很強。光子與電子會因為電磁交互作用而產生劇烈碰撞，所以直到宇宙年齡達38萬年後，光子才得以從火球中逃出來，火球本身也變得透明。

未來，如果能夠觀測到這些飛過我們眼前的微中子（背景微中子）的話，就可以拍攝到這些微中子逃離火球後的樣子，也就是宇宙年齡1

秒時的火球表面樣貌的照片。若想知道更深一層的真理，就必須花費更多苦心才行。

以21公分輻射為宇宙拍攝時間斷層掃描照片

如果拍攝到宇宙初期所產生的微中子，我們就可以得知宇宙誕生後1秒的宇宙表面樣貌（微中子表面）。另一方面，我們已經用微波拍到宇宙誕生38萬年後的表面照片（CMB圖像）。

那麼該如何得知宇宙在誕生後1秒～誕生後38萬年之間的狀況呢？是不是把誕生後1秒、誕生後38萬年的照片放在兩端，然後用電腦斷層掃瞄或MRI之類的醫學影像儀器處理後，就可以得到任意時間的宇宙樣貌了呢？可惜沒那麼簡單。

圖 2-4-1 ● 微中子、可見光看到的宇宙為？

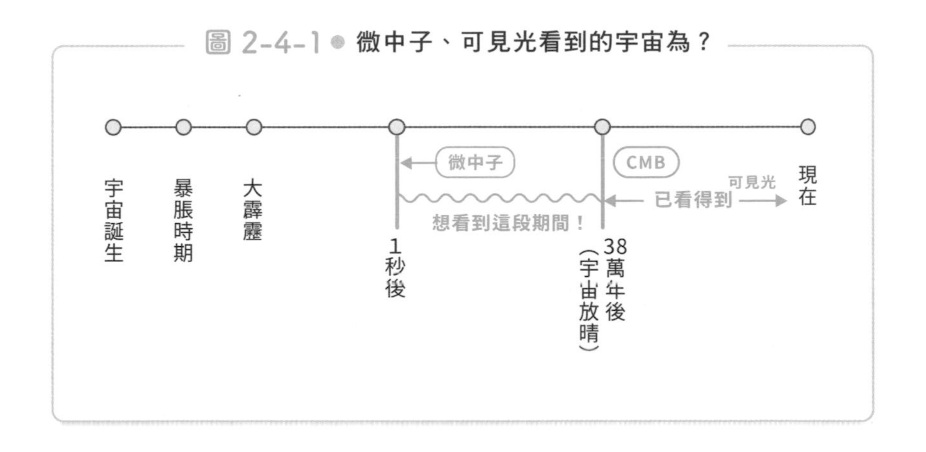

在這2個時間點之間，發生了名為「**大霹靂核合成**」的現象，氫、氦等較輕元素陸續被合成出來。另外，構成星系的暗物質與原子擾動，也是在這個時期出現。

科學家們正像這樣努力透過各種現象，想了解這段期間內發生了什麼事。只靠微中子與CMB要了解這段期間仍嫌不夠。

另一方面，科學家提出了一種新技術，可望能看到宇宙誕生38萬年後，也就是CMB放晴後的時間斷層掃瞄影像。已知中性氫原子內的電子自旋可分為朝上與朝下2種情況（*），當自旋情況改變（上下變換）時，會釋放出光。這種光的能量所對應的波長為21cm，所以這種光也叫做「**21公分輻射**」。不同時間釋放出來的21公分輻射，紅移（redshift）的程度也不一樣，所以我們可以由不同紅移的21公分輻射，得知不同時間點的宇宙樣貌。運用這樣的技術，應該就可以拍攝出宇宙在不同時間點的時間斷層掃描影像了。

雖然這種技術還未實現，不過相關理論的研究正持續進行中，我自己也是相關研究者之一。如果能成功測得宇宙初期釋放出的21公分輻射，或許就能讓宇宙研究前進一大步。

（*）**2種自旋**
這裡說的電子自旋，是氫原子中的電子狀態，可分為朝上與朝下2種自旋狀態。

用重力波可以觀察到宇宙初期的什麼？

── 大統一理論

前面提到，我們可以用微中子、可見光、微波（宇宙誕生後38萬年），看到過去的宇宙，也就是宇宙初期的樣貌。最早可以到宇宙誕生後1秒（微中子）。

不過，如果使用重力波的話，可以看到相較於微中子更早期的宇宙（初期宇宙）。同樣是重力波，這裡說的並不是讓LIGO備受矚目、由黑洞等高密度星體的合併所產生的重力波，而是可能在宇宙初期產生的**背景重力波**。**這裡的重力波與其說是「波」，或許把它當成一種「擾動」，會比較好理解**。

和宇宙起源有關的重力波，幾乎是在宇宙誕生瞬間的同時釋放出來。譬如暴脹時期的時空劇烈變化，就會產生重力波。如果能夠捕捉到宇宙初期的重力波，就可以拍到暴脹時期剛結束時的宇宙照片，看到宇宙誕生時的樣貌。

前面提到，暴脹時期約發生在宇宙誕生後的10^{-38}秒。一些假說認為，在名為「**大統一理論（GUT）**」的統一理論框架下，宇宙暴脹應該會發生在宇宙誕生後約10^{-38}秒。這與目前CMB實驗得到的推測——暴脹時期的能量規模上限約為10^{16}GeV，兩者並沒有矛盾。

圖 2-5-1 ● 宇宙的歷史（NASA ／ WMAP science team）

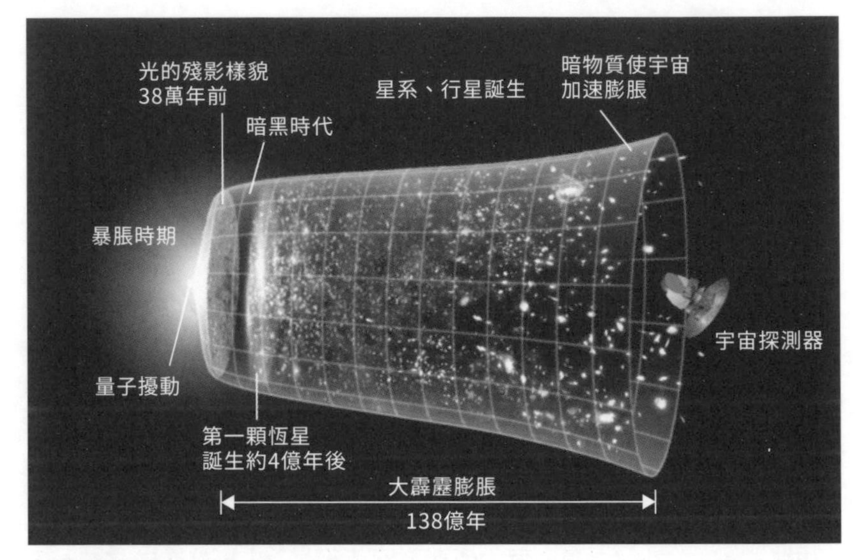

出處：NASA

若能檢測背景重力波，就有強力證據指出現有暴脹模型（目前有多種理論）中，哪個可能性最高。

這種重力波是於宇宙暴脹時期產生。不過有人提出，宇宙曾經歷過多次「**相變**」，而相變時也可能會產生重力波。我們將在下一章中說明什麼是相變，下一頁的圖２－５－２則先列出相變的時間。

圖 2-5-2● 宇宙誕生後的 4 次相變

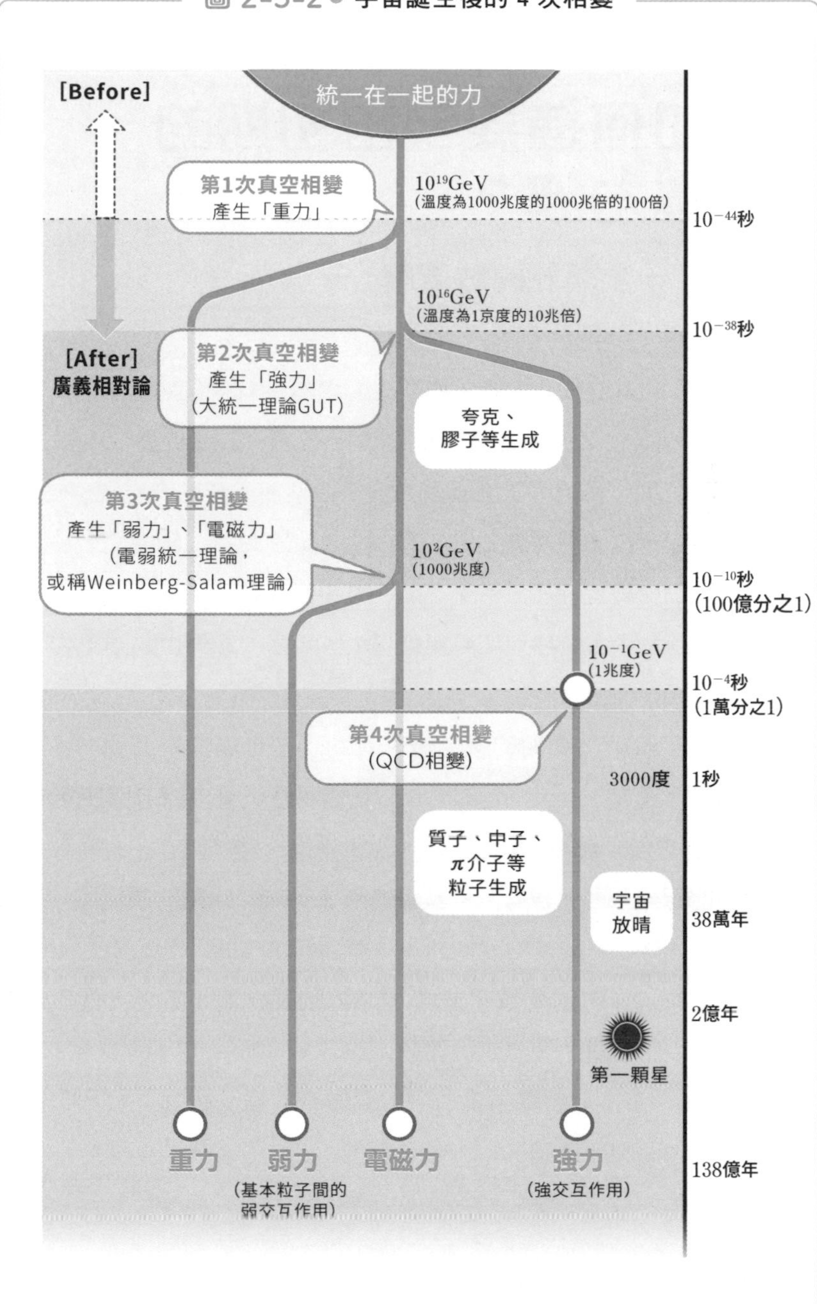

2-6 如何捕捉宇宙初期的重力波？

——對訊號的敏感度

以LIGO檢測出重力波時，許多人誤以為只有「超新星爆發、中子星、黑洞」等星體事件才會產生重力波。不過，卻沒有多少人知道我們前面所介紹的「我們可以透過重力波，觀察宇宙初期的現象」。事實上，後者明顯比前者重要許多。

而且，由各種星體發出的重力波，幾乎都會在瞬間通過地球，然後離開，中間過程不到1秒。如果錯過這1秒的話，就再也觀測不到同一星體發出的相同訊號了。

不過，宇宙誕生初期的重力波，直到現在仍以背景雜訊「時空擾動」的形式存在於「全天」。理論上，**我們隨時都可以觀測到宇宙初期產生的重力波**，只是訊號相當微小，就像雜訊一樣。

我們的銀河系內，也有某些星體會產生微波。以前的類比電視（目前日本已停止販售）的沙沙沙雜訊中，就含有來自銀河系的微波訊號。某些頻率的微波，甚至包含了10％左右的銀河微波。不過，這些雜訊並不包含微中子或重力波產生的雜訊。

圖2－6－1是全世界的重力波觀測裝置的觀測頻率，以及宇宙暴脹時期之重力波的關係圖。

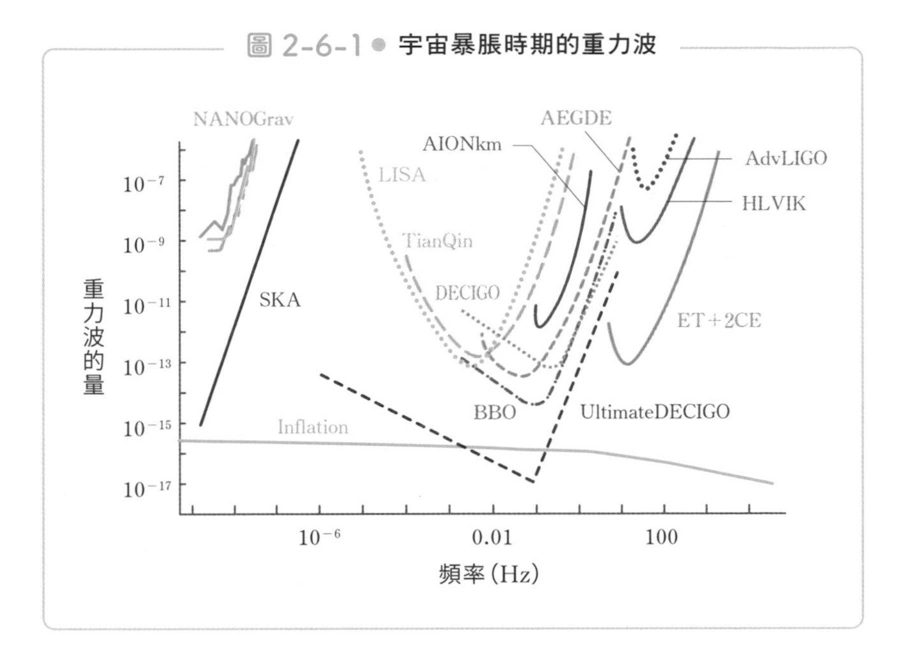

圖 2-6-1 ● 宇宙暴脹時期的重力波

圖中橫軸為重力波的頻率，縱軸為訊號強度。標有各實驗裝置名稱的曲線，表示該實驗裝置對於各頻率的訊號敏感度。

近年發現重力波的美國LIGO，敏感度分布為圖中的AdvLIGO曲線（Adv為改良版的意思），位於100Hz附近。

不過，宇宙初期的重力波，也就是暴脹時期的重力波為圖中下方的曲線，訊號強度僅為10^{-16}左右。要觀察訊號那麼弱的宇宙初期重力波，不管LIGO再怎麼升級，都捕捉不到它們。

DECIGO（Deci-hertz Interferometer Gravitational wave Observatory）或許有機會觀測到宇宙初期重力波。DECIGO是日本計畫在未來發射的重力波望遠鏡衛星。在它的精度下，可能有機會發現暴脹時期重力波的訊號。

此外，美國也有個名為BBO（Big Bang Observer）的計畫。它的目的也是觀測宇宙初期的重力波，不過開發預算似乎還沒通過。

太陽、超新星、人體……不同來源的微中子

——能量的差異

直接穿過的微中子

地球上每1cm^2，有10兆個來自太陽的微中子穿過（稱做太陽微中子）。1cm^{2}大約等於方糖的截面。雖然有那麼多微中子飛來，但因為幾乎所有微中子都會直接穿過物體（不管是人體還是地球），所以很難檢測出它們的存在。

若想看到微中子撞擊到某個東西，需準備30光年長的水箱，平均而言才會有1個微中子撞上水分子。地球到太陽的距離為1億5000萬km，光需走8分鐘左右。30光年是地球到太陽的200萬倍。離我們最近的恆星是人馬座α星，距離我們4.3光年，30光年是它的7倍。但就是得準備那麼多的水，才有辦法讓1個微中子100%撞上水分子。

除了「太陽」會製造微中子之外，「超新星」、「大氣」、「地球內部」、「人體」等許多地方都會產生微中子。

不同來源的微中子，能量各不相同。

圖 2-7-1 ● 微中子有各種「起源」

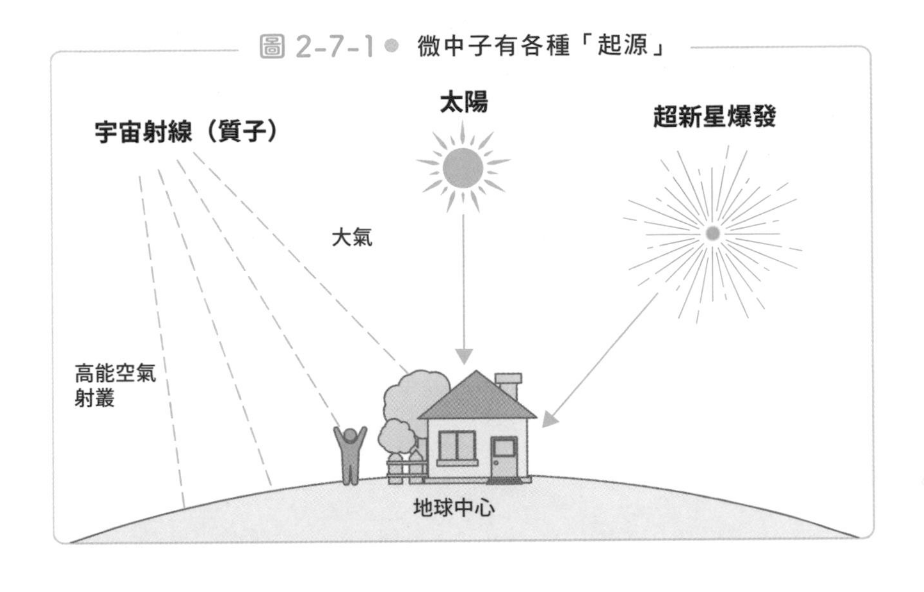

太陽中心產生的微中子（太陽微中子）…… 數keV以上

超新星產生的微中子……………………………數10MeV

地球中心產生的微中子（地球微中子）…… 數MeV左右

大氣產生的微中子（大氣微中子）…………1GeV以上

各種微中子的能量大致如上。太陽微中子的能量約為數keV左右，若數量達一定程度，那麼設置於岐阜縣神岡町的（超級）神岡探測器便能捕捉到太陽微中子。在神岡探測器的時代，便已能檢測出能量在數MeV以上的微中子；到了超級神岡探測器，能量高於MeV的微中子就有機會被檢測到。

至於人體釋放出來的微中子，或者是自地表冒出的微中子，數量十分稀少，要檢測到它們並沒有那麼容易。

不過，檢測來自地球中心之微中子的相關研究，在最近有了重大進展。鈾等重元素於衰變時會產生大量微中子，這些微中子的能量已知、光譜已知。科學家們正在確認觀測值與理論值是否相符，相關研究將在之後的章節中說明。

第3章

幽靈粒子「微中子」的真面目

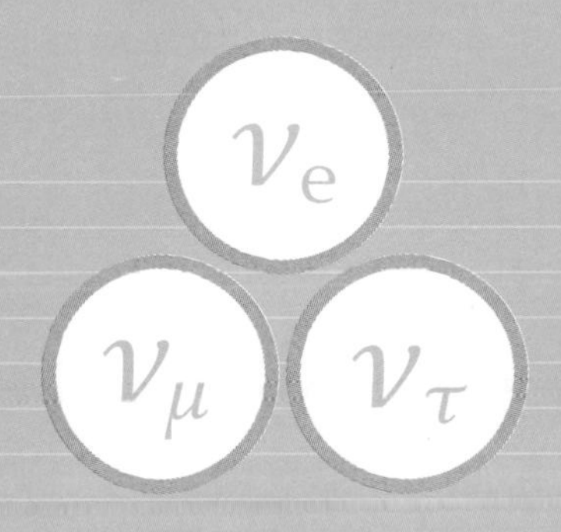

幽靈粒子微中子

—— 包立的預言

微中子最開始僅存在於假說中。1930年，於奧地利出生的瑞士物理學家，沃夫岡・**包立**（Wolfgang Pauli，1900～1958）為「微中子假說」打下理論基礎，預言微中子的存在。不過，由於我們很難直接捕捉到微中子，所以一直等到1956年，人們才實際發現了微中子。

那麼，包立為什麼會預言微中子的存在呢？這要從放射性元素衰變研究中，原子核的β衰變開始說起。原子序為Z的原子核在β衰變的反應過程中，會轉變成下一個原子序（Z＋1）的原子，並釋放出1個電子。舉例來說，碳C（原子序6）在經過β衰變後，就會轉變成氮N（原子序7），如下。

$$^{14}C \rightarrow {}^{14}N + e^-$$

e^-為電子

與衰變前相比，衰變後元素的質量較小，且兩者質量差大於1個電子。由愛因斯坦的方程式$E = mc^2$可以得知，電子飛出的動能應該會等於這個質量差，但**電子實際具有的動能比預料中的低**。因此，當時甚至有物理學家認為「能量守恆定律被打破了」。

不過包立認為，β衰變時釋放出來的應該不是只有電子（e^-），也同時釋放出了某個未知的「**幽靈粒子**」，並在1930年時發表了這個假說。因為這個幽靈粒子為「電中性」，故包立稱其為「neutron（最初的意思為「電中性的粒子」）」。

費米為其命名

在那之後，到了1932年，科學家們將與質子共同構成原子核的粒子率先命名為「neutron（現在所說的「中子」）」，於是義大利物理學家恩里科・**費米**（Enrico Fermi，1901～1954）便將包立提出的幽靈粒子重新命名為「neutrino（電中性的微小粒子，即**微中子**）」。

雖然理論上說得通，但科學家們一直無法直接捕捉到微中子。明明早就預言了微中子的存在，為什麼一直無法找到它呢？最大的原因是，因為微中子與其他粒子的交互作用極其微弱。

交互作用指的是「發生撞擊的容易程度」。隨著粒子擁有能量的不同，發生撞擊的難易程度也不一樣。在實驗環境下，與電磁交互作用相比，微中子的交互作用的強度低得不可思議。所以科學家們將微中子參與的交互作用稱為「**弱交互作用**」。交互作用共有4種，人們常稱其為「4種基本力」（參考第63頁的專欄）。

宇宙剛形成時，是一個超高溫的火球，隨著宇宙的急速膨脹，空間的溫度也持續下降。宇宙剛誕生時，4種基本力（交互作用：參考第63頁的專欄）是1種統一的力，然而隨著能量下降，「重力」先分了出去，接著「強力」也分了出去，最後「電磁力」與「弱力」彼此分離，直到今日。

一般認為，是由於所謂的**相變**現象，造成了4種力的分歧。**相變顧名思義，就是轉變成了與過去不同的相**。用水來舉例應該會比較好懂。溫度下降時，水會轉變成冰，也就是從液相轉變成氣相。相變前後，會遵守不同的物理定律。液相的水中，固定水分子的電磁力較弱，故水分子可自由旋轉運動；但在固相的冰中，水分子會被相鄰的其他水分子固定住，無法運動。所以相變前後，會遵守不同的物理定律。宇宙也一樣，隨著空間的膨脹，溫度會跟著下降，經歷數次相變後，才變成了我們眼前的宇宙。

不過，即使微中子的弱交互作用很弱，與重力相比還是強得多。譬如，能量為MeV的微中子，弱交互作用的強度是重力的10^{32}倍，由此可以看出重力有多弱。另一方面，弱交互作用比電磁力弱10^{16}倍。

宇宙之窗

4種力與相變（交互作用）

一般認為，宇宙剛誕生時，只存在1種力。隨著宇宙的溫度下降，也就是能量規模下降，各種力（交互作用）才陸續被分離出來。

最初分離出來的是「**重力**」。宇宙誕生10^{-44}秒後，當時的溫度為1000兆度的1000兆倍的100倍，這時發生了「第1次真空相變」。

第2次真空相變使「**強力**（強交互作用）」分離了出來，發生於宇宙誕生後約10^{-38}秒，此時的溫度為1000兆度的10兆倍。第2次真空相變生成了膠子，這是種可以讓質子與中子強力結合在一起的媒介，屬於規範粒子。而除重力之外的其他3種力，可統一用一個理論描述，這個理論叫做「**大統一理論**（GUT：Grand Unification Theory）」。

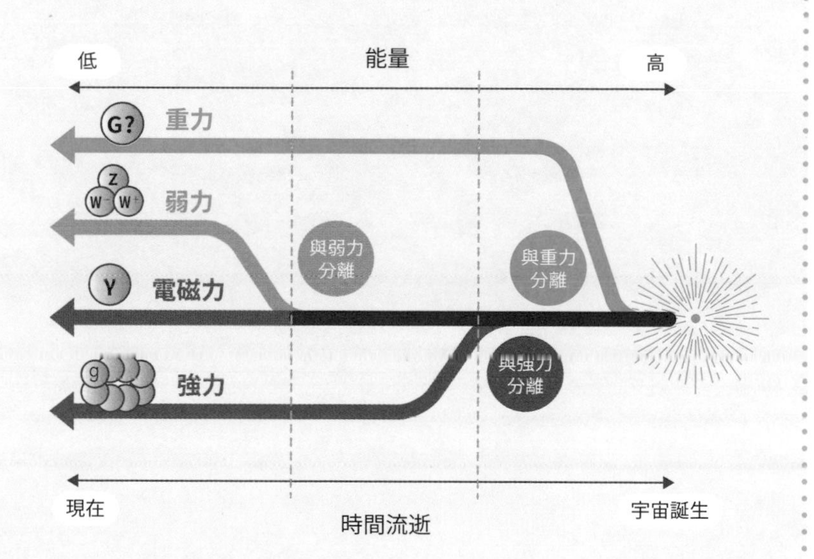

第3次真空相變發生在宇宙誕生後10^{-10}秒，此時「**電磁力**（電磁交互作用）」與「**弱力**（弱交互作用）」彼此分離，溫度約為1000兆度。在這個時期之前，原子等重子物質的粒子與反粒子數目相同；自此之後，粒子與反粒子的平衡被破壞（CP對稱性破缺）。最後，這個宇宙（自然界）只留下了構成我們的身體、行星、恆星的正之「粒子」（不過我們可以透過人工方式以加速器製造反粒子）。統一描述電磁力、弱力的理論，叫做「電弱統一理論」，或叫做「**標準理論**（Weinberg-Salam理論）」。

另外，還有所謂的第4次真空相變（10^{-4}秒後，QCD相變），這是夸克、膠子彼此結合，形成質子與中子的時期，與力（交互作用）的分離並沒有直接關係。

本書在說明時，用詞原則上會以「交互作用」為主，避免使用「力」。

3-2 微中子是「基本粒子」的1種

── 基本的17種物質

雖然都叫做微中子，但其實微中子有3種。在說明微中子有哪3種之前，得先簡單說明「**基本粒子**」的概念。

自然界中的所有東西都是由分子構成。舉例來說，「水」的分子式可以寫成H_2O，由此可以看出水由氫原子與氧原子構成。過去的人們曾經認為「原子」是宇宙中的基本物質，也就是「基本粒子」。

不過，後來科學家發現，原子還可以進一步被分割成原子核與電子。

圖 3-2-1● 構成物質的基本粒子

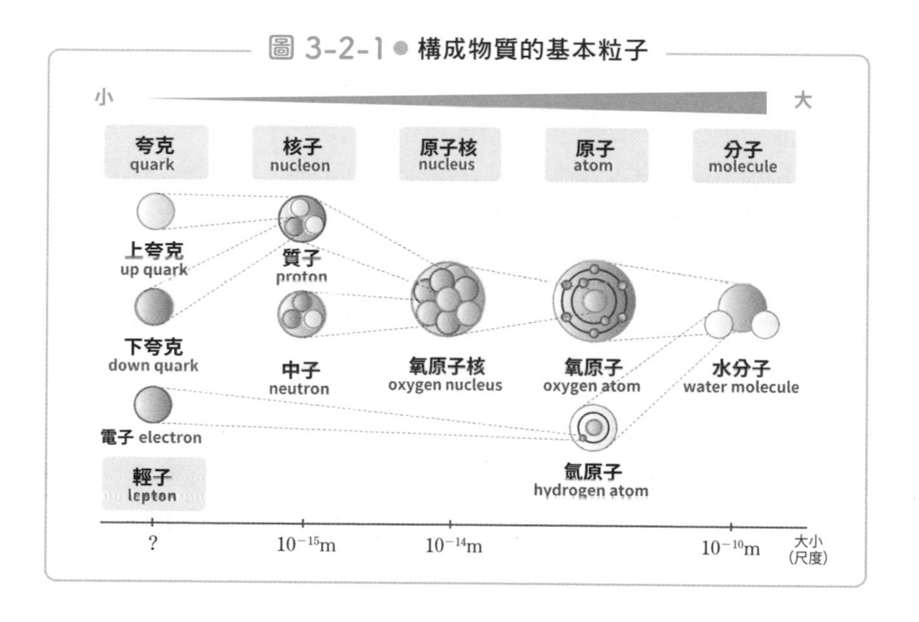

「電子」目前雖然被視為基本粒子，但原子核可再分割成質子與中子2種粒子。質子與中子是構成原子核的粒子，所以也叫做核子。那麼，質子與中子是基本粒子嗎？並不是。科學家發現，質子與中子分別由3個**夸克**（共6種）構成。夸克目前被視為「基本粒子」。另外，核子內還含有膠子，負責連接各個夸克。

夸克、膠子、電子為「構成物質的基本粒子」。

到目前為止，我們已知的基本粒子共有17種。大致上可以分成以下3種。

圖 3-2-2 ● 17 種基本粒子

① 物質粒子	6種夸克、6種輕子（譬如電子）
② 規範粒子	膠子、光子、W玻色子、Z玻色子
③ 伴隨希格斯場出現的粒子	希格斯玻色子

原子與分子構成了我們的身體，以及行星、恆星等星體。而質子與中子（夸克）、膠子、電子則構成了原子。電子屬於輕子。以上是直接構成各種物質的基本粒子。

質子為帶有正電荷的粒子，中子為電中性的粒子。因此，帶電的質子與不帶電的中子無法透過電磁力自然結合在一起，需要另一種更強的力（強交互作用）結合兩者。那就是圖3－2－2中，屬於②規範粒子的膠子，以及由夸克、反夸克、膠子組成的π介子。將原子核與電子結合在一起的電磁力，需以光子（也就是光）作為媒介；弱交互作用中，做為媒介的則是W玻色子（可分為＋或－）與Z玻色子。

基本粒子中，還包含了伴隨著希格斯場出現的希格斯玻色子。另外，科學家目前猜想重力的媒介是「重力子」，不過重力子的存在還未被證實，目前一般來說**提到「基本粒子」指的就是右頁這17種**。

圖 3-2-3● 基本粒子可以分成 3 類（標準模型）

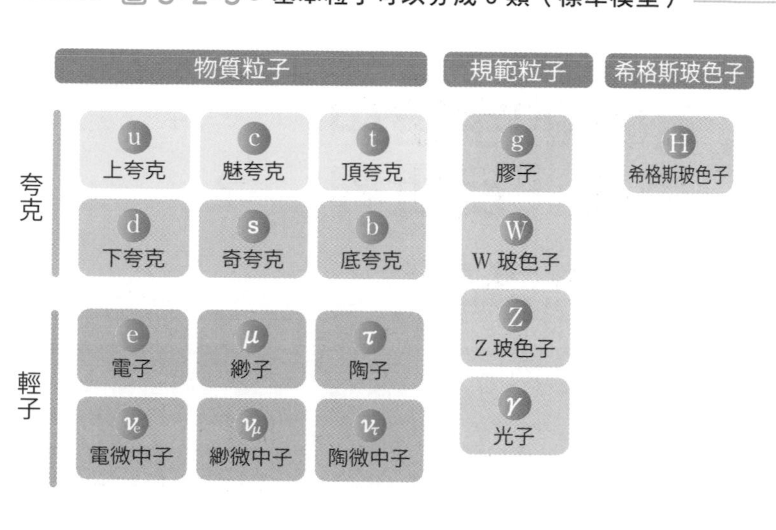

圖 3-2-4● 規範粒子為「力」的媒介

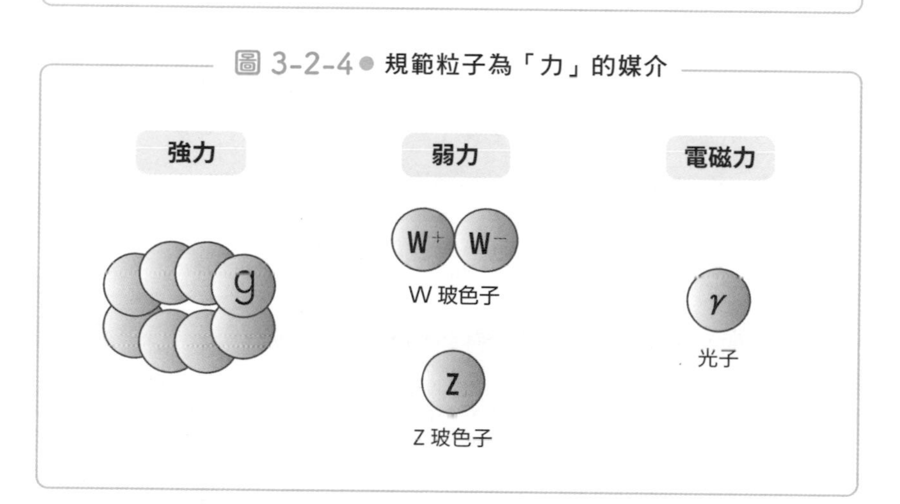

初期的宇宙中存在「反世界」？

—— 反粒子的存在

在前一節的敘述中，提及「一般來說提到基本粒子指的……」的「基本粒子」時，指的是「正的基本粒子」。事實上，宇宙中還存在不同於正粒子的基本粒子，那就是「**反粒子**」。**正粒子與反粒子的質量、自旋皆相同，但電荷相反**（即正負相反）。自旋的方向相反，大小卻相同，這個敘述聽起來似乎有些怪怪的，不過在這裡請讓我省略相關的細節說明。

舉例來說，夸克的種類包括第1世代的上夸克、下夸克，第2世代的魅夸克、奇夸克，第3世代的頂夸克、底夸克共6種。若假設這6種

圖 3-3-1 ● 夸克與反夸克

夸克

電荷	世代 I	世代 II	世代 III
$+\frac{2}{3}e$	u 上夸克	c 魅夸克	t 頂夸克
$-\frac{1}{3}e$	d 下夸克	s 奇夸克	b 底夸克

反夸克

電荷	世代 I	世代 II	世代 III
$-\frac{2}{3}e$	$\bar{u}$ 反上夸克	$\bar{c}$ 反魅夸克	$\bar{t}$ 反頂夸克
$+\frac{1}{3}e$	$\bar{d}$ 反下夸克	$\bar{s}$ 反奇夸克	$\bar{b}$ 反底夸克

夸克為正夸克，那麼反夸克也同樣有6種。反夸克的質量、自旋與對應的正夸克相同，電荷相反。

電荷的意義有很多種。一般講的電荷指的是你我熟悉的、電磁學上的正負電荷。除此之外，物理學中還有所謂色的電荷（強交互作用的電荷）、弱交互作用的電荷等。討論強交互作用的學問也叫做量子色力學。

質子由3個夸克組成，分別是2個上夸克與1個下夸克。這3個夸克的色荷加總後為無色，故三者色荷分別為紅、綠、藍。另一方面，宇宙中也存在所謂的「**反質子**」，由2個反上夸克與1個反下夸克組成，色荷分別是反紅、反綠、反藍。相對於一般的正「粒子」，這些反夸克皆稱為「反粒子」。

圖 3-3-2 ● 我們所在的世界與反世界

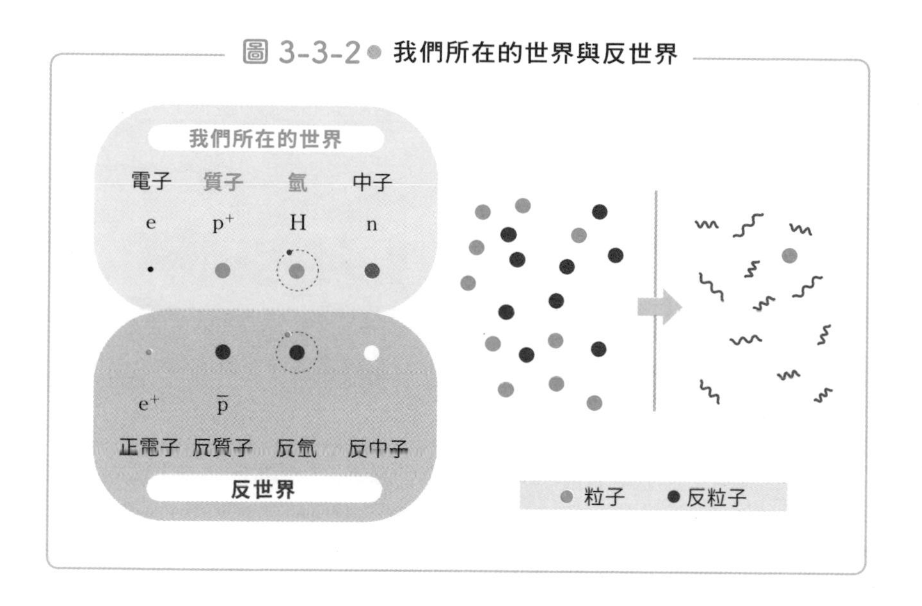

質　子　→　2個上夸克　＋　1個下夸克

反質子　→　2個反上夸克　＋　1個反下夸克

粒子與反粒子對撞後，會互相消滅，並釋放出高能粒子（湮滅），我們將在後面的篇幅中說明這件事。宇宙誕生時，宇宙中的正粒子、反粒子數目幾乎相同。後來反粒子陸續與正粒子成對消滅，最後剩下的正粒子數目，就是最初兩者的數量差。這些正粒子就構成了現在的宇宙。當然，基本粒子的反粒子也是基本粒子，不過在計算基本粒子種類數的時候，只會取正粒子作為代表。

電子與微中子的「配對」關係

——微中子的3個世代

在前面章節我們曾經提過，目前科學家們已經發現了17種正的基本粒子。其中，與我們生活息息相關的「電子」及其同類粒子被稱為**輕子**（lepton）（*）。就如同夸克有6種一般，輕子也有6種，如圖3－4－1所示。

電子的同類粒子包括電子、緲子（muon）、陶子（tauon）等共3個世代。另一類輕子即為本書主題之一「**微中子**」。微中子也可分成電微中子、緲微中子、陶微中子等3個世代（**）。

隨著「世代」的增加，每個粒子的質量也會變大。舉例來說，第1

圖 3-4-1 ● 微中子與電子同屬輕子

	第一世代 (first)	第二世代 (second)	第三世代 (third)
輕子	電微中子	緲微中子	陶微中子
	電子	緲子	陶子

（*）**輕子**（lepton）
lepton在希臘語中是「輕」的意思。相較於此，由3個夸克構成的質子、中子，則叫做「重子（baryon）」。

世代的電子質量為0.511MeV，而第2世代的緲子質量為106MeV，第3世代的陶子質量則為1777MeV。

雖然電子的同類粒子都帶有電荷（負e），不過**微中子的同類粒子不帶電荷，為電中性**（所以不會產生電磁性的撞擊、散射）。

另外，微中子一開始被認為是沒有質量的粒子，不過由梶田隆章領導的超級神岡探測器團隊所進行的**微中子振盪實驗**結果，證實微中子「有質量」。梶田隆章也因此於2016年獲頒諾貝爾獎。

不過，微中子的質量非常小。雖然科學家們已經測定出不同種類微中子的質量差異，卻還沒能測出微中子質量的絕對數值。

●電子與微中子為表裡一體的粒子

「電微中子」可對應到我們熟知的「電子」。當然，它們是不同的基本粒子，不過基本粒子學者常會有

「電子與電微中子可成對視之」

的概念。電子與電微中子是相當相似的粒子，表裡一體。兩者中雖然只有「電子」可表現出電磁力作用，不過電子與電微中子表現出來的弱交互作用幾乎相同。同樣的，緲子與緲微中子、陶子與陶微中子也可視為成對的存在。

舉例來說，中子（n）與電微中子（ν_e）相撞時，會產生質子（p）與電子（e^-）。

（＊＊）各種微中子的名稱
「緲子（muon）」為電子的同類粒子，可寫成μ粒子；「陶子（tauon）」也是電子的同類粒子，可寫成τ粒子。本書則統一寫成「**緲子**」與「**陶子**」。而在微中子方面，電微中子也叫做電子型微中子或ν_e（nu–e）；緲微中子也叫做緲子型微中子或ν_μ（nu–mu）；陶微中子也叫做陶子型微中子或ν_τ（nu–tau）。
本書統一稱為「**電微中子**」、「**緲微中子**」、「**陶微中子**」。

$$n + \nu_e \rightarrow p + e^-$$

中子　電微中子　質子　電子

此時出現的一定是「電子（e^-）」，不會是與電子同類的「緲子」或「陶子」。由此可以看出電微中子與電子的配對關係。

另外，微中子（正的粒子）也存在反粒子，所以微中子共有以下6種。

- **電微中子**
- **緲微中子**
- **陶微中子**
- **反電微中子**
- **反緲微中子**
- **反陶微中子**

3-5 微中子是從何處誕生的（1）

—— 太陽微中子

微中子是從何處誕生的？又是由誰釋放出來呢？事實上，包括太陽、大氣、超新星爆發、地球（地底）、人體等，微中子會從各個地方釋放出來。

由太陽中心釋放出來，撒落在地球上的微中子，叫做「**太陽微中子**」，會以「**電微中子**」的形式被我們觀察到。

圖 3-5-1 ● 觀測太陽微中子時，可觀測到電微中子

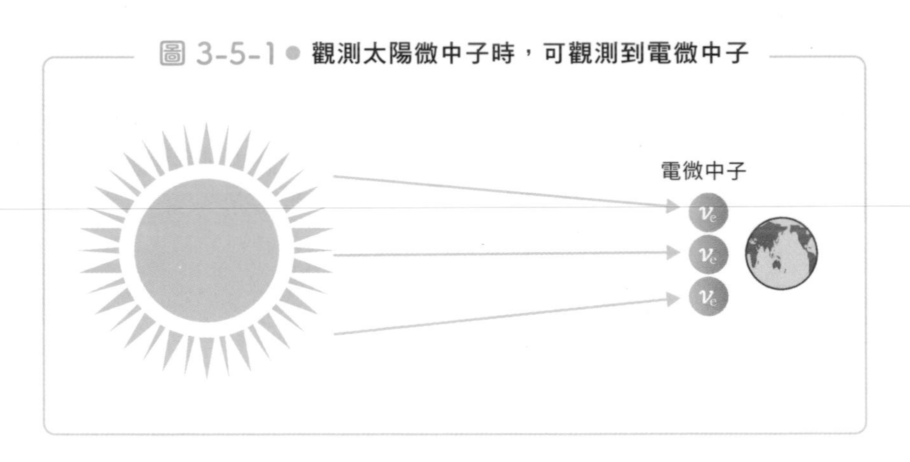

次頁圖3－5－2是「微中子光譜」，橫軸是能量、縱軸表示釋放了多少「量」的微中子。日本（超級）神岡探測器（位於岐阜縣神岡町的觀測裝置）觀測到的是能量偏高的硼8（^{8}B）釋放出來的微中子。

圖 3-5-2 ● 微中子光譜

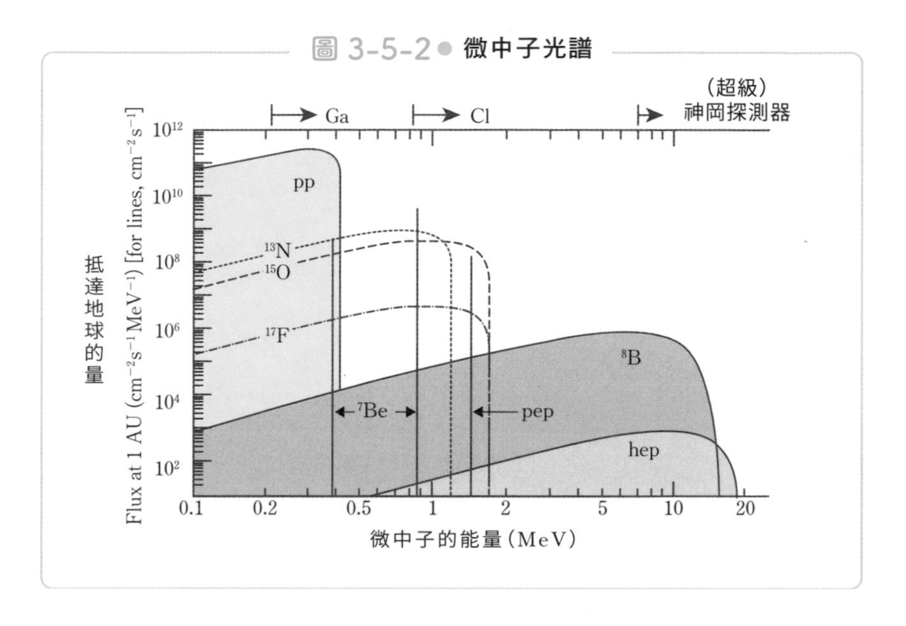

來自硼8(^{8}B)的微中子，能量約為10MeV。硼8(^{8}B)會轉變成鈹7(^{7}Be)，並釋放出正電子(e^+：此為電子的反粒子)，以及電微中子(ν_e)。

此反應可寫成以下式子。看起來有些複雜，不過不需硬記。只要在腦海中留下點印象，在下次看到類似形式的反應式時，可以聯想到這個反應式就可以了。

$$^8B \rightarrow {}^7Be + e^+ + \nu_e$$

硼　　鈹　　正電子　　電微中子

這個反應會釋放出1個電微中子。另外，也會釋放1個「反粒子」，也就是正電子。電子(正粒子)在電磁學上帶有負電荷e。在電磁學上，電子的反粒子之電荷與電子相反，所以帶有正電荷e，這就是「**正電子**」。

太陽釋放出來的微中子有很多種，能量也各不相同。岐阜縣的(超級)神岡探測器，可以測得能量為MeV左右的微中子，能量愈高，就愈容易被探測到。

因此，（超級）神岡探測器觀測到的，多是由硼8產生的微中子，或能量比它更高的微中子，且量愈多愈容易觀測到。

3-6 微中子是從何處誕生的（2）

——大氣微中子

宇宙射線（＊）撞擊到地球大氣時所產生的微中子，稱為「**大氣微中子**」。大氣微中子的能量約 1GeV 以上，能量相當高，遠比太陽微中子的能量高。

當從宇宙向地球發射的宇宙射線（主要是質子）撞擊到大氣中的氮原子核子（質子或中子）時，會產生許多名為 π 介子（pion，π^{+}、π^{-}、π^{0}）的粒子。地球的大氣就像沐浴在這些粒子之下，這些粒子也叫做空氣射叢。

圖 3-6-1 來自宇宙的大氣微中子

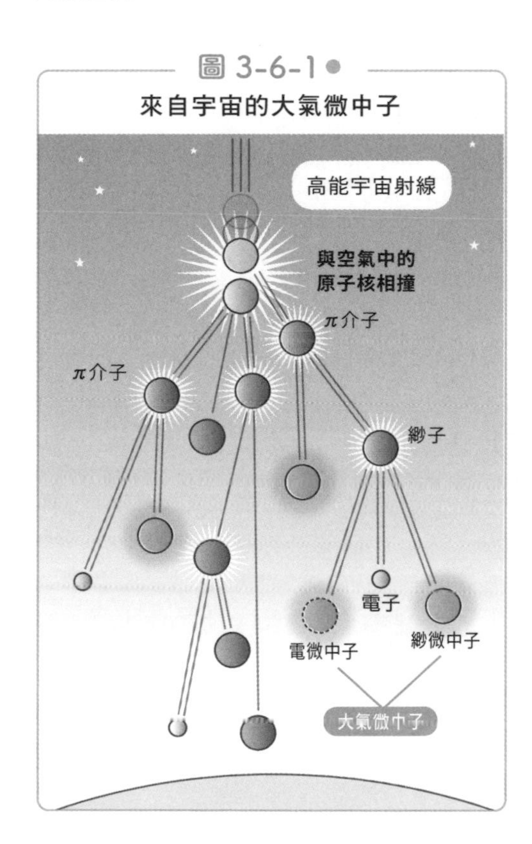

（＊）**宇宙射線（cosmic ray）是什麼**

宇宙射線是一群高能量的輻射粒子。因為它們會在宇宙空間中四處來去，所以有了這個名稱。當然，地球也沐浴在大量宇宙射線之下。宇宙射線的主要成分是質子，其他還包括 α 射線、鋰、硼等。

這些由宇宙射線產生的空氣射叢落在地球上時，會如何產生微中子呢？

在這裡將反應式稍微列出來，比較好理解，如下所示。反應過程相當複雜，只要記得「由大氣微中子會放出包括電微中子、緲微中子，以及它們的反粒子（反電微中子、反緲微中子）」就可以了。

首先，宇宙射線的質子會撞擊空氣中（氮）的質子，產生大量π介子。

$$p + p \rightarrow p + p + \pi^{+} + \pi^{-} + \pi^{0} + \cdots$$

宇宙射線的質子　大氣中的質子　（3種π介子皆大量產生）

其中1種π介子，π^{+}會衰變，釋放出反緲子與緲微中子。

$$\pi^{+} \rightarrow \mu^{+} + \nu_{\mu}$$

反緲子　緲微中子

接著，這個反緲子（μ^{+}）會再生成正電子（e^{+}）、反緲微中子、電微中子。其中，正電子是一種反粒子。

$$\mu^{+} \rightarrow e^{+} + \bar{\nu}_{\mu} + \nu_{e}$$

正電子（反粒子）　反緲微中子　電微中子

同樣的，π^{-}也會產生以下反應。

$$\pi^{-} \rightarrow \mu^{-} + \bar{\nu}_{\mu}$$

反緲微中子

右邊的μ^{-}會再產生以下反應。

$$\mu^- \rightarrow e^- + \nu_\mu + \bar{\nu}_e$$

電子（正粒子）　緲微中子　反電微中子

以上就是「大氣微中子」的生成過程。如您所見，是相當複雜的反應，可釋放出電微中子、緲微中子，以及其反粒子（反電微中子、反緲微中子）。

其他部分將於說明微中子振盪時一併說明。

微中子是從何處誕生的（3）

——加速器微中子與原子爐微中子

由加速器產生的微中子

使用加速器的話，就可以產生人造微中子。這種微中子就被稱為「**加速器微中子**」。加速器微中子的生成過程與大氣微中子相同。

生成大氣微中子時，宇宙射線中的質子會撞擊大氣中的質子（氮）。以加速器製造微中子時，需準備質子粒子束，以及做為標靶的質子，使兩者以超高速正面對撞，就能夠生成人造微中子。此時會釋放出電微中子、緲微中子以及其反粒子（反電微中子、反緲微中子）。以這種製造方式的情況，一開始並不會產生陶微中子。

原子爐微中子

「**原子爐微中子**」是另一種微中子來源。這是原子爐內的鈾於核分裂時產生的微中子，能量約為MeV左右。原子核內的中子衰變後，會釋放出電子、電微中子，轉變成質子。這就是β衰變。

$$n \rightarrow p + e^{-} + \bar{\nu}_e$$

中子　質子　電子（正粒子）　反電微中子

此時質子會捕獲電子，生成中子與電微中子。

$$p + e^- \rightarrow n + \nu_e$$

電子（正粒子）　　電微中子

所以原子爐可製造出大量反電微中子，並釋放至原子爐之外。

第4章

由微中子天文學解讀宇宙的「暗世界」

右旋微中子、左旋微中子

── 自旋是什麼？

基本粒子也可以用「**自旋**」這個指標來分類。就像電荷一樣，自旋是基本粒子的重要性質（量子數），每種基本粒子的自旋各不相同。自旋會影響到微中子的性質，以下會先簡單介紹什麼是自旋。

「自旋」是基本粒子的一個量子數，可以比喻成粒子的自轉。基本粒子可以依自旋分成**費米子**（fermion）與**玻色子**（boson）2個大類。它們的「自旋」是類似角動量的量子化數值。

這裡的**角動量**，可以想成地球之類正在自轉的物體的自轉強度。而自旋的單位是1/2。自旋為0、1、2等整數的粒子，屬於「玻色子」；自旋為1/2、3/2等分數（半整數）的粒子，屬於「費米子」。

本書中，會統一使用「玻色子」這個名稱，有人會唸做boson或boson粒子。玻色子這個名稱源自印度的物理學家玻色（Satyendra Bose，1894～1974）。

另一類是「費米子」，有人會唸做fermion。費米子這個名稱源自義大利（後轉為美國籍）的物理學家費米（Enrico Fermi，1901～1954）。

- 自旋為整數……………………玻色子
- 自旋為分數（半整數）………費米子

圖 4-1-1● 基本粒子的分類

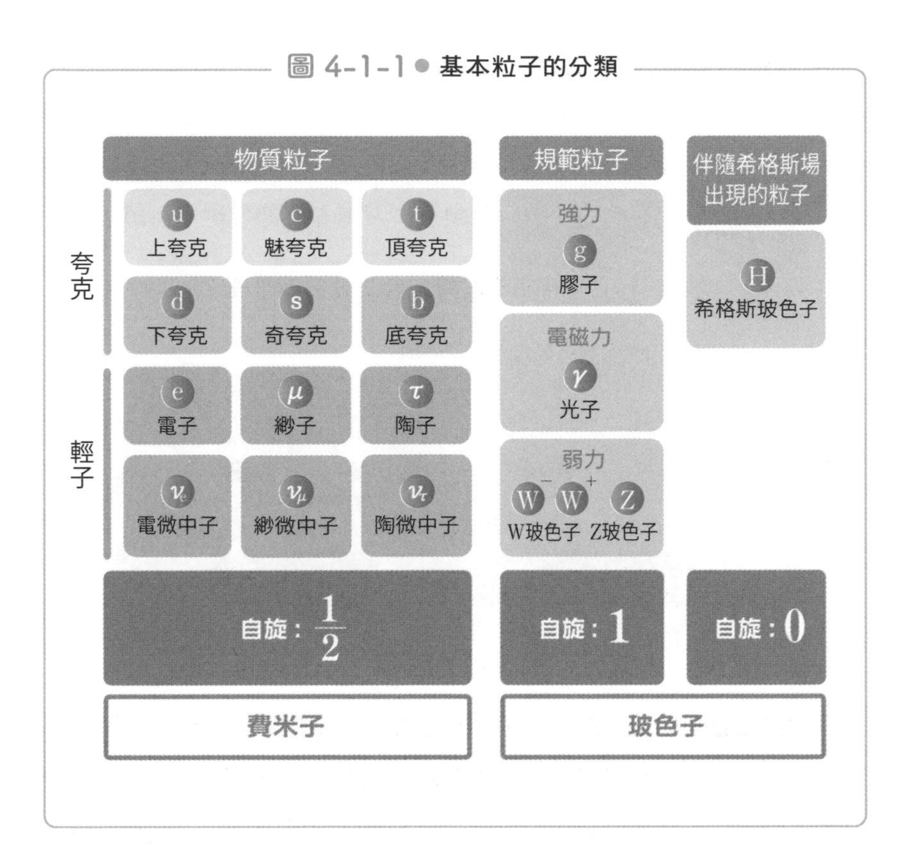

如圖4－1－1所示，夸克及輕子等組成物質的基本粒子的**自旋為1/2，屬於費米子**。膠子、光子、W玻色子等規範粒子的**自旋為1，屬於玻色子**。最近發現的希格斯玻色子，已透過實驗確認自旋為0。另外，尚未證實存在的重力子，自旋應為2，因為是整數，所以屬於玻色子。

基本粒子的自旋——狄拉克粒子、馬約拉那粒子

自旋除了旋轉強度之外，還有一個重要的性質。那就是沿著前進方向看過去時，自旋旋轉方向是「往右轉還是往左轉」。這種性質稱做螺旋度（helicity）。

判斷螺旋度時，需沿著基本粒子的飛行方向（前進方向）**從後面看**

過去，觀察「粒子是往右轉或往左轉」，由此區別粒子的螺旋度。不論是正粒子或反粒子，一般的基本粒子都可分為左旋與右旋2種。

不過，現實中只有左旋的微中子（正粒子），從來沒人看過右旋的微中子。相對的，只有右旋的反微中子，沒有左旋的反微中子。

圖 4-1-2● 自旋的旋轉方向是往右或往左？

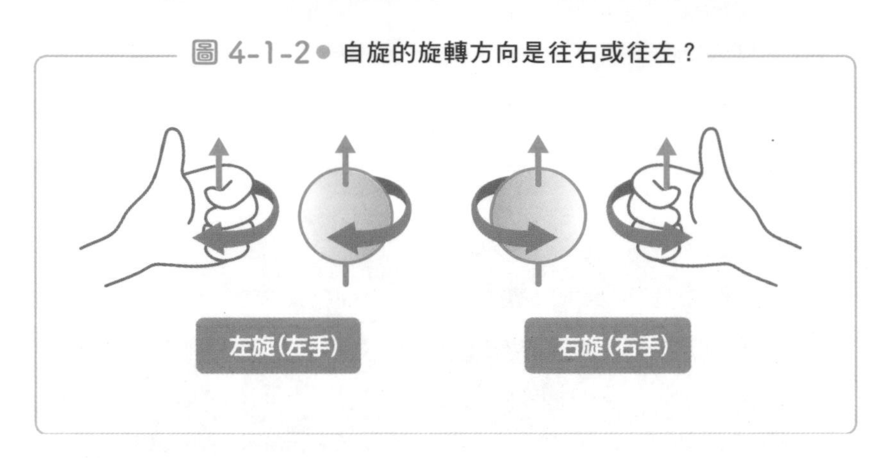

如果某種具有質量的費米子擁有左旋及右旋的版本，便屬於狄拉克粒子。此外，**如果某種具有質量的費米子只有往一個方向轉的版本，便屬於馬約拉那粒子**。夸克與電子都有左旋與右旋的版本，所以夸克與電子都是狄拉克粒子。

如果某個費米子的左旋版本，等於其反粒子的右旋版本，那麼它就是馬約拉那粒子，這樣想可能會簡單些。

圖 4-1-3● 若是狄拉克粒子應該會有「左旋、右旋」2 種

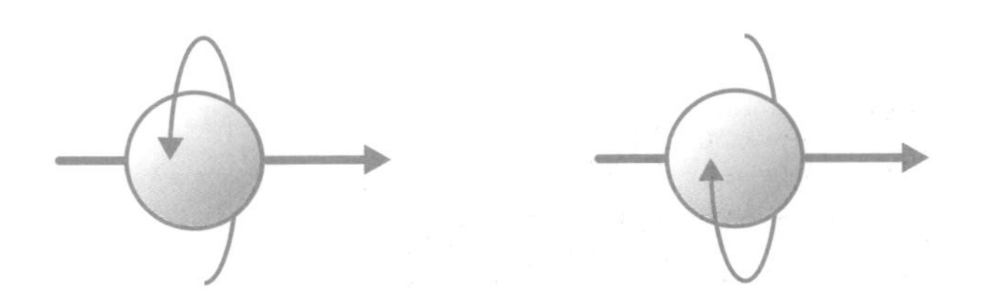

可能是右旋版本太重，故很難看到，也不會產生弱交互作用

目前科學家們還未確定微中子是狄拉克粒子還是馬約拉那粒子。如果微中子是狄拉克型粒子，那麼右旋的版本應該也存在才對，但我們目前還沒有發現右旋版本的微中子。

有些人認為，我們之所以沒能發現右旋的微中子，可能是因為「右旋的版本太重，無法在實驗中觀察到它們」？而且，這種右旋的微中子也不會參與弱交互作用。

4-2 費米子與玻色子的交換
——超對稱性

費米子與玻色子可彼此轉換的對稱性，稱為「**超對稱性**」。由這個概念可以推論出「**自然界中，可能存在使整數、分數（半整數）自旋彼此轉換的對稱性**」。若是如此，做為費米子的微中子，其超對稱粒子（超伴子）——純量微中子（sneutrino），就是玻色子，自旋為0（參考圖4－2－1）。

同樣的，在這個概念下，自旋為1的玻色子（W玻色子、Z玻色子等），在超對稱性的轉換後，其超伴子為費米子，自旋為1/2。科學家認為，這種對稱性可能存在於自然界。

圖 4-2-1 ● 超對稱性的例子

玻色子		費米子
光子	→	超光子（photino）
W玻色子、Z玻色子	→	超W子（wino）、超Z子（zino）、超荷子（chargino）
希格斯玻色子	→	超希格斯子（higgsino，1/2）
純量夸克（squarks）	←	夸克
純量微中子（sneutrino）	←	微中子

圖 4-2-2 ● 自旋交換的對稱性「超對稱性」

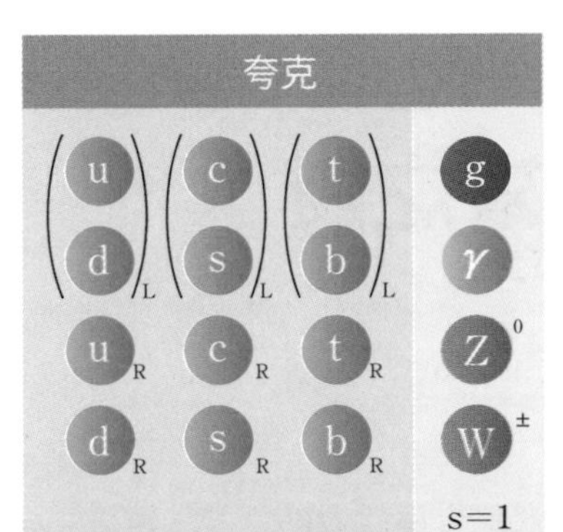

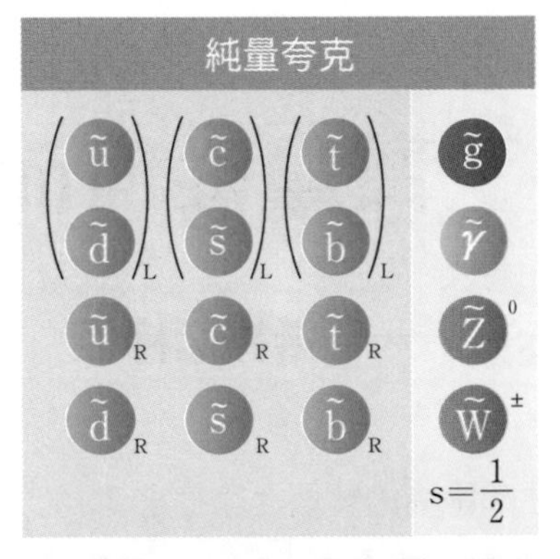

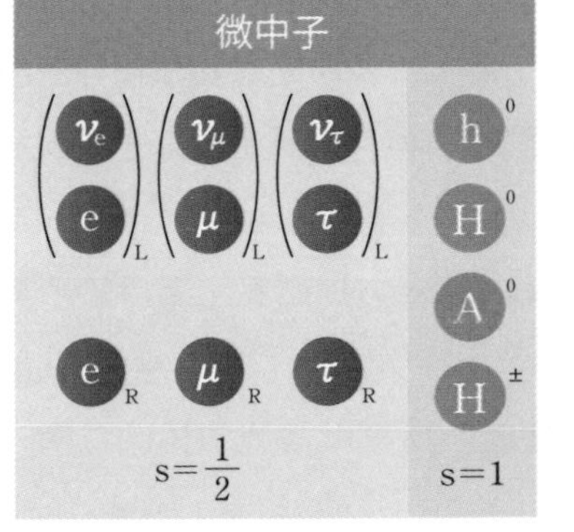

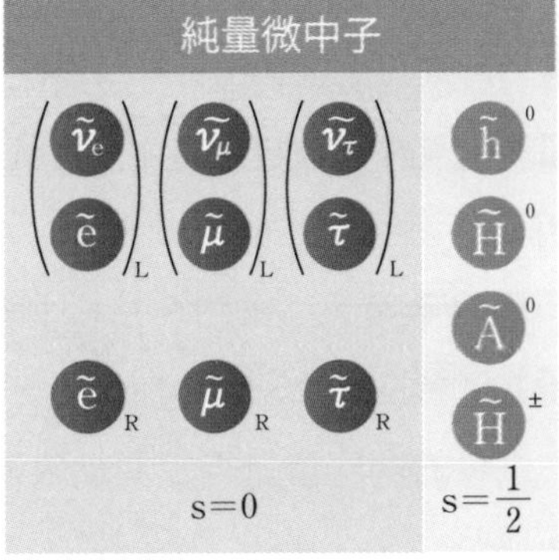

下標為L者為左旋、R為右旋。s表示自旋

質量從何而來之謎

—— 希格斯機制

「物質的質量從哪裡來？」，也就是質量起源的問題，讓許多研究者苦思不得其解。科學家們透過CERN（歐洲核子研究組織）的大型加速器發現（人工製造）**希格斯玻色子**後，許多新聞媒體在報導中**用了「質量由希格斯玻色子產生」這樣的解釋**，但這其實是個有些許誤解的說明。

1964年時，英國的希格斯（Peter Higgs）提出希格斯機制，其中就預言了希格斯粒子的存在。

之後的內容會變得相當抽象而複雜，這裡就讓我們稍微說明一下吧。

圖 4-3-1● 從原點（對稱）落下時，會產生質量

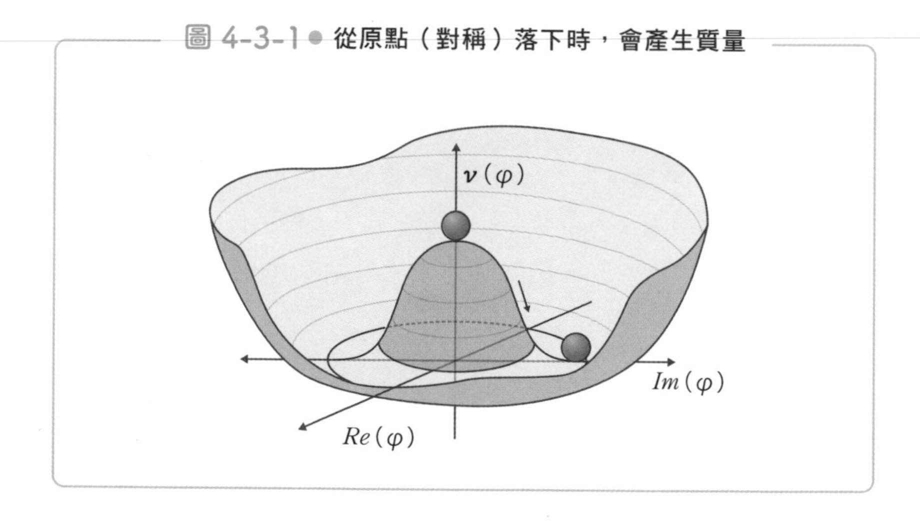

如圖4－3－1所示，被稱為希格斯場之「場」的位能，外型就像酒瓶底部一樣。簡單來說，**希格斯玻色子可以想成是被希格斯場激發（飛出）的粒子**。

宇宙初期時，希格斯場這個場的數值位於這個山的頂點，不論從哪個方向觀察這個點（原點），看起來都是對稱的，此時在理論上也是對稱的。

另外，這個時間點不管哪個粒子，都還沒有被賦予質量。希格斯場的數值為零，所以希格斯玻色子的質量也是零，與其結合的粒子之質量也是零。

不過，不管從哪個角度看這個位置（對象的原點），它的能量都相當高而不穩定。不過宇宙剛誕生時，溫度相當高。在很高的溫度下，即使在能量較高的位置，也還算穩定。

但在溫度下降之後，希格斯玻色子就會滾下來，以求穩定。如果希格斯玻色子一直保持在原點，位置上就會一直保持對稱，使場的數值保持為零，故希格斯玻色子的質量為零，與其結合的粒子也不會被賦予質量。然而希格斯玻色子落下時會偏離原點，造成「與其結合的基本粒子變重（產生質量）」的效應。

而且，希格斯玻色子本身也會產生質量。在希格斯玻色子的落下後，橫向移動的難度，就是它的質量。所謂的質量，某種程度上也表示著「移動的難度」。

若要讓粒子擁有質量，就需要這種機制（**希格斯機制**）。希格斯認為，這種機制在宇宙初期出現，且後來科學家們透過CERN的加速器，以實驗證實了這個理論上的猜想，使希格斯與恩格勒共同獲得了諾貝爾獎。

這個世界充滿了希格斯玻色子，你我都沉浸在希格斯場的海洋中。當粒子移動時，**希格斯場就會纏上粒子，賦予粒子質量**——這樣想就可以了。

重複一次，希格斯玻色子是希格斯場從加速器之類的東西獲得能量後，所產生的粒子。希格斯玻色子的質量約為126GeV，在溫度比這高的宇宙初期，有大量希格斯玻色子四處飛行。

光用希格斯機制無法說明質量

── 質子質量的祕密

這裡要注意的是「粒子的質量並非100％來自希格斯機制」這件事。

事實上，核子（質子、中子）與π介子的質量，主要並非來自希格斯機制。這是很重要的一點。構成我們人體、行星、恆星的物質，幾乎都由質子與中子組成，而質子與中子的大半質量，與希格斯機制並沒有直接關係。

確實，夸克也會透過希格斯機制獲得質量。不過，質子與中子從希格斯機制獲得的質量相當少，與上夸克及下夸克不會相差太多。

核子（質子、中子的質量幾乎相同）的質量約為電子的1800倍，是相當重的複合粒子，質量顯然與電子不是在同一個層次。

圖4-4-1● 無法以希格斯機制說明較重的粒子！

電子質量	0.511 MeV	9.1×10^{-31}kg	
質子質量	938 MeV	1.672621×10^{-27}kg	（電子的約1800倍）
中子質量	949 MeV	1.674749×10^{-27}kg	（電子的約1800倍）

為什麼質子那麼重呢？

那麼，為什麼質子與中子比電子重那麼多呢？

首先，請回想一下發現希格斯玻色子時，在世界各地引起的熱議。人們這樣說明希格斯玻色子。

「希格斯玻色子賦予了萬物質量。」

不過，這裡再說明一次。這和我們的體重，或是現實中各種物質的質量沒有直接關係。談到電子（包含緲子、陶子）的質量來源，的確可以說100％來自這種希格斯機制。各種規範粒子的質量，也確實來自希格斯機制。

然而，決定體重或者是行星、太陽質量的是質子與中子的質量，它們的質量與希格斯玻色子無關。事實上，我們認為**當夸克被固定住時，會打破另一種對稱性才是原因**。這稱為「**手徵對稱破缺**」，是**往左與往右的對稱被打破**的意思。

4-5 「手徵對稱破缺」可以產生質量嗎？

——質子、中子、π介子的質量來源

第4章第1節中，我們提到了微中子左旋與右旋的話題。另外，如前節所述，如果粒子擁有質量，就會產生**手徵對稱破缺**。

前面提到，判斷粒子的旋轉方向（左旋或右旋）時，需「從粒子後方」沿著前進方向觀察粒子。微中子的話是「往左旋轉」。

如果基本粒子有質量，就會比光速慢。因此，光會追過前進中的基本粒子。

圖 4-5-1 ● 手徵對稱破缺

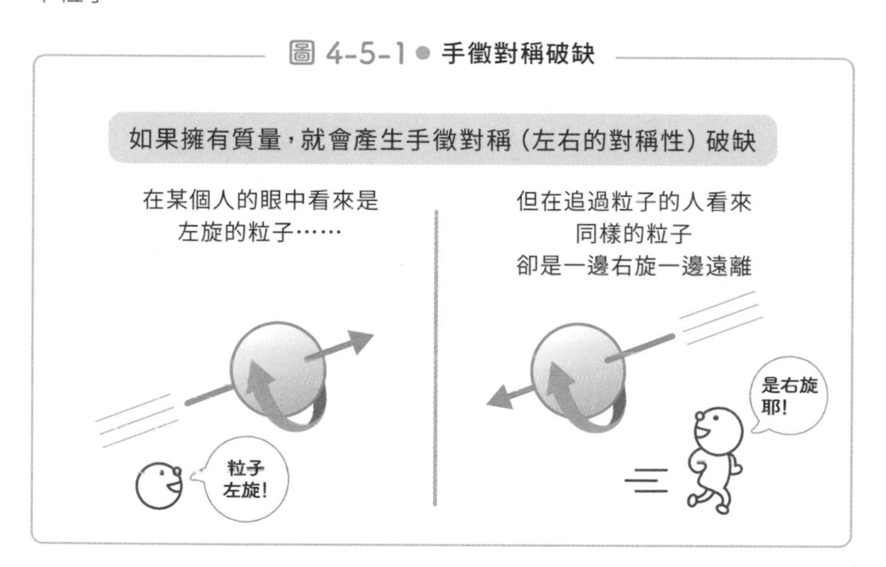

如此一來，在光的眼中，基本粒子的旋轉方向看起來會相反。明明這個基本粒子的旋轉方向沒有改變，但對於超車粒子的光而言，**原本看**

起來是左旋的粒子，超車後看起來卻變成了右旋。

也就是說，擁有質量之後，粒子就會比光速慢，旋轉方向不固定，即「左旋、右旋的對稱性被打破」。這種現象就叫做「手徵對稱破缺」。

反過來說，相變時，原本四處飛行的夸克與膠子會結合形成核子（質子、中子），當它們打破手徵對稱時，就會產生質量。

原本我們以為是「左旋」的粒子，會在途中變成右旋。而這種粒子的飛行速度比一直都是左旋的粒子還要慢，所以會產生質量。也就是說，**手徵對稱破缺時會產生質量**——或許質子、中子、π 介子就是靠著這種機制產生質量的。

圖 4-5-2 ● 反過來說，手徵對稱被打破後會產生「質量」

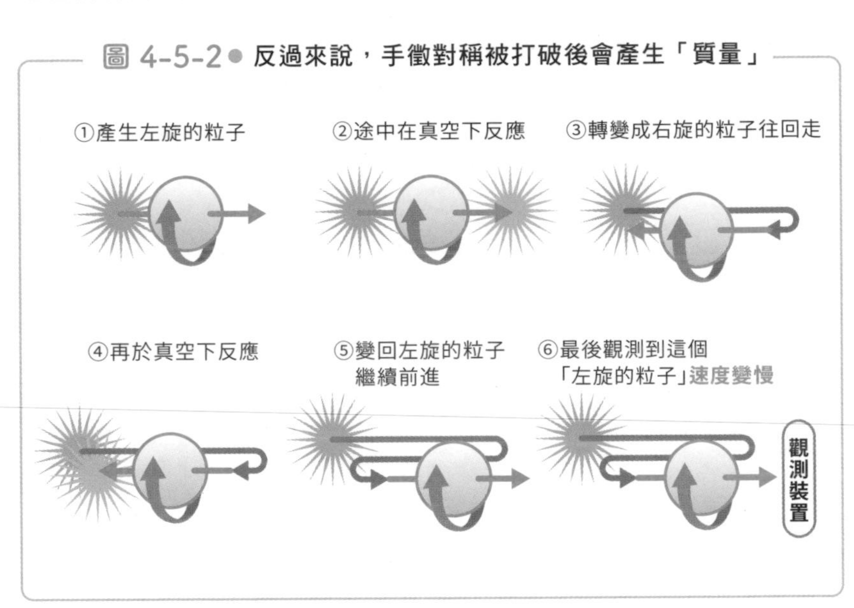

目前，科學家們正在使用晶格模擬（lattice simulation）等方法，以超級電腦模擬夸克、膠子結合成核子的情況，進行數值計算，並驗證結果，至今還沒有完成。無論如何，只要記得「光靠希格斯玻色子，無法說明質子為什麼那麼重。質子的質量主要來自手徵對稱破缺」就可以了。

目前，微中子只有找到左旋的版本，找不到右旋的版本，這也和質量的起源有關。如果微中子的質量為零，那麼微中子就只有左旋的版本。

然而，微中子的質量不是零。後續會提到的「微中子振盪」的實驗中，證明了這件事。

那麼，微中子的質量又是從何而來的呢？狄拉克粒子說認為，「因為同時存在左旋的版本以及右旋的版本，所以微中子擁有質量」。馬約拉那粒子說則認為，「不，即使只有左旋的版本，或是只有右旋的版本，微中子也能擁有質量」。

觀察恆星演化與星系形成機制

——即時性觀測

觀測微中子可以看到什麼？可以了解什麼？以下將具體回答這些問題。

●觀測太陽微中子可以發現什麼？

前面我們提到，我們觀測到的太陽微中子，是高能量的硼（^{8}B）衰變時產生的微中子。我們無法透過光直接觀測太陽內部，微中子則能夠讓我們看到太陽內部正在發生什麼反應。

如右頁圖4－6－1所示，太陽內部的質子可合成出氘（^{2}H）。氘可再與質子相撞，合成出氚（^{3}H）或氦3（^{3}He）。而2個氦3彼此對撞後，可產生氦4（^{4}He）。接著氦4與氦3相撞後，可產生鈹（Be）。鈹與質子（p）相撞後，可產生硼（^{8}B）。於是，當硼衰變後，就會產生「微中子」。

這個反應的能量相當高，所以我們可以觀測到這些微中子。這一連串的反應（質子→氘→氦3→氦4（製造出穩定的氦4相當重要）……→硼→微中子）都在太陽內部發生。了解太陽內部狀況，這是觀測微中子的目的之一。

圖4-6-1 ● 陸續形成各種元素的機制

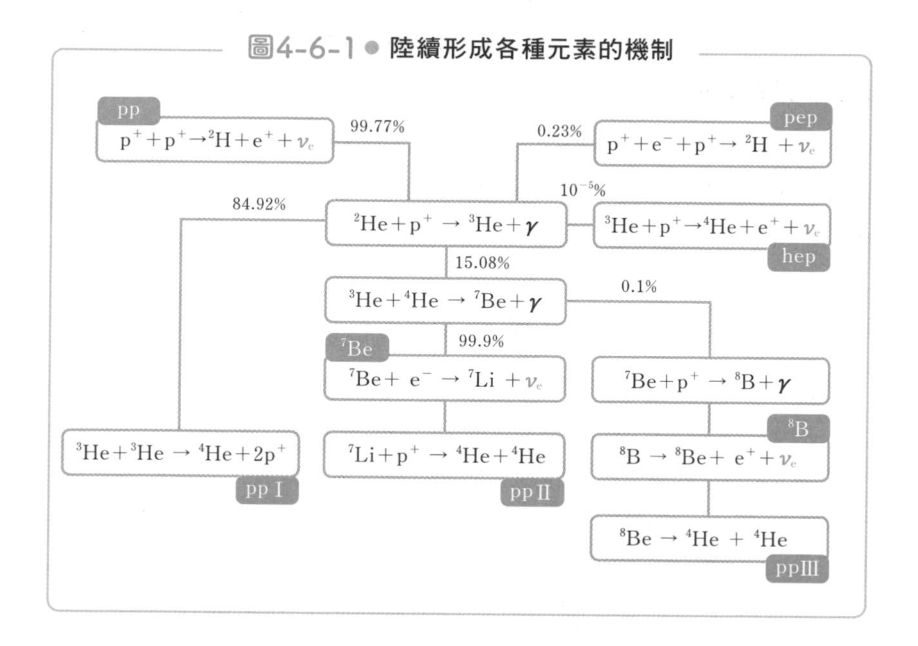

了解太陽的密度

如果將透過微中子可以讓我們看到太陽內部的什麼，再更進一步具體地說明的話，就是我們**可以透過觀測微中子，了解太陽內部的密度與溫度**。

透過數項實驗的檢測與比較，可以知道3個世代的微中子，分別在太陽微中子中占有多少比例。

太陽的內部密度、表面密度，中間的密度梯度等，並非每一處都相等，但只用光觀測時，看不到這些差異。不過，使用微中子觀測時，可以知道太陽中心的密度較高（約15萬kg/m^3），太陽表面的密度則較低。我們也可透過微中子的觀測結果知道溫度等資訊。

另外，**微中子觀測有個很大的特徵，那就是即時性**。太陽中心的光很難抵達表面，光要抵達表面，大約得花上1萬年。也就是說，我們現在看到的是太陽中心在1萬年前發出的光。

不過，微中子幾乎不會與任何物質或光反應，馬上就能抵達太陽表面(*)。因此，透過微中子，我們**能夠即時看到「目前、現在」的太陽內部狀況或變化**。

綜上所述，觀測太陽微中子，可以得知3個世代的微中子比例，明白太陽內部密度、密度梯度與太陽中心附近的溫度，而且在地球就可以即時捕捉到這些物理量的變化。

圖4-6-2● 標準模型中的微中子分類

費米子	符號
第1世代	
電微中子	ν_e
反電微中子	$\bar{\nu}_e$
第2世代	
緲微中子	ν_μ
反緲微中子	$\bar{\nu}_\mu$
第3世代	
陶微中子	ν_τ
反陶微中子	$\bar{\nu}_\tau$

(*)太陽半徑為69萬5000km，太陽中心的微中子只需要2.3秒，就能從太陽表面釋出。

神岡探測器捕捉到了微中子！

——超新星1987A的爆發

超新星爆發會製造出微中子，特別是II型超新星爆發。較重的恆星死亡時，由於燃料燃燒殆盡，故會無法支撐住自身重量而塌陷，這個塌陷的反作用力會導致恆星爆發，這就是II型超新星爆發。這個時候會產生有如新星誕生的明亮光芒，所以稱其為「**超新星**」，但其實這是恆星最後的姿態。

除了前述的II型超新星之外，還有被稱為Ia型的超新星；Ia型超新星的爆發方式與II型超新星截然不同。白矮星是類似太陽的行星死亡後的高密度星體。當白矮星逐漸吸收周圍塵埃，使其質量超過錢德拉塞

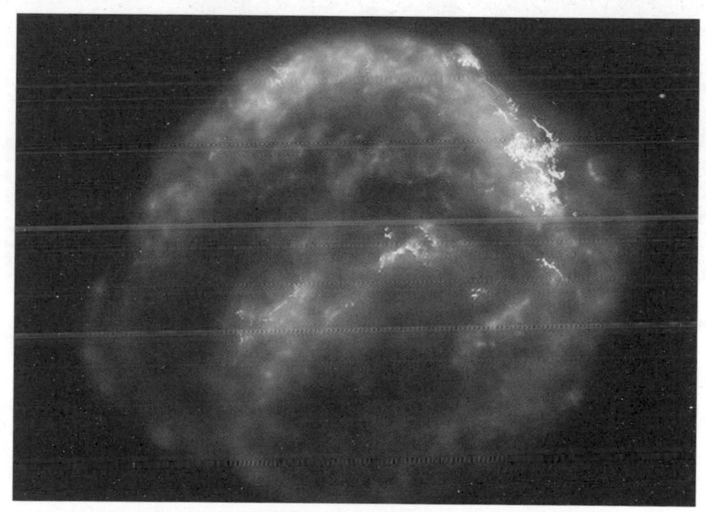

圖4-7-1 克卜勒發現的Ia型超新星SN1604　出處：NASA

卡極限後，就會爆發。2世紀時，中國就有超新星的觀測紀錄。日本歌人藤原定家也在《明月記》（1180～1235年的日記）中，提到了某顆客星。這是日本平安時代的陰陽師——安倍泰俊（安倍晴明的子孫）所留下來的記錄。

第谷（Tycho Brahe，1546～1601）於1572年時，發現了被稱為「第谷超新星（SN1572）」的超新星；克卜勒（Johannes Kepler，1571～1630）於1604年時，發現了「克卜勒超新星（SN1604）」，並持續觀測。這些都是Ia型超新星爆發。此外，編號中的SN為超新星（Super Nova）的縮寫，後面的數字則是發現年份。要注意的是，這種編號並沒有區分爆發形式。譬如，1987年第1個發現的超新星，就會表示成SN1987A。

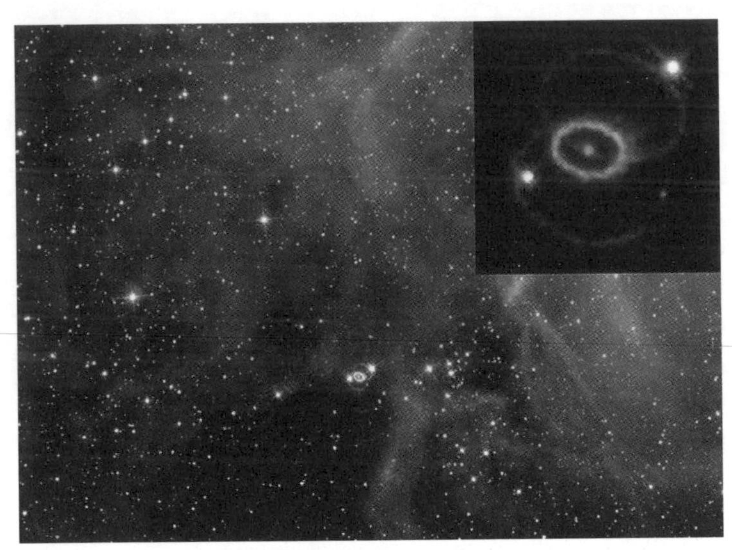

圖4-7-2　超新星SN1987A　出處：ESA／Hubble

超新星誕生時，溫度相當高。舉例來說，在1987年被發現的超新星1987A，由爆發時觀測到的微中子，可估計其溫度應高達數10MeV（1000億度）。原本被束縛在恆星表面——微中子表面（neutrino sphere）的這些微中子，爆發時會一次釋出。

日本的小柴昌俊與研究團隊，在岐阜縣神岡礦山的地下1000m處，建造了名為「**神岡探測器**」的觀測裝置（一開始的目的是為了觀察質子衰變）。於1983年完成的這個裝置，在1987年時，傳來「南半球夜空出現了超新星爆發」的消息，於是研究團隊回顧當時的實驗紀錄，發現神岡探測器確實有記錄下這個事件。這次的事件讓研究團隊轉而思考，神岡探測器或許能用來觀察觀測難度遠比超新星爆發更高的太陽微中子。

星體釋放出微中子的時間長度，通常在1毫秒（1秒的1000分之1）以內，所以一般認為觀測到微中子的時間長度應該很短，不過，神岡探測器卻在長達10秒的時間內，正確記錄下了相關資料。既然長達10秒，就表示原星體的密度相當高，而原本被束縛住的微中子，會一邊擴散一邊釋出，然後抵達地球。

圖4-7-3● **超新星1987A釋出的微中子觀測資料**

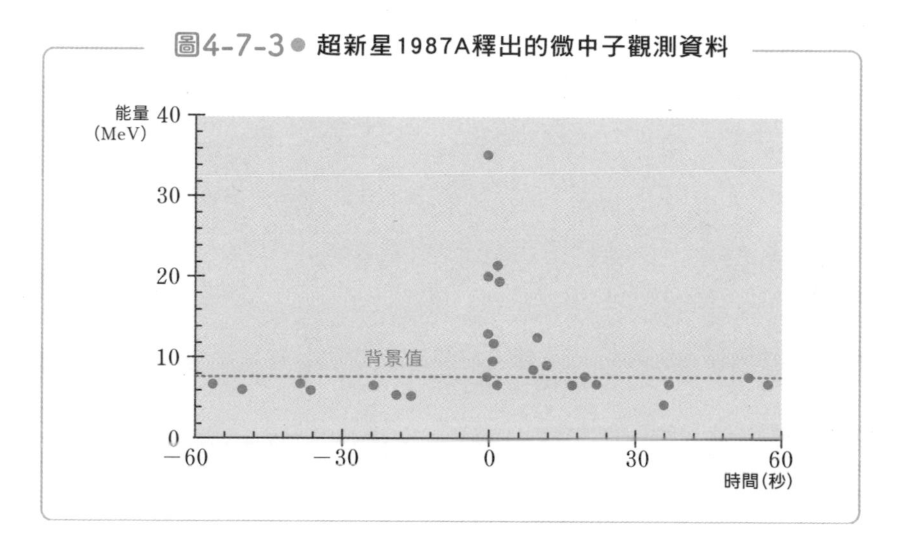

微中子不只成功觸發了神岡探測器，而且其他觀測設施也紛紛提出「我們也有檢測到微中子」的報告，不過資料的精度相較於神岡探測器差了許多。

因為觀測到微中子的貢獻，小柴老師獲得了2002年的諾貝爾物理學獎。令人遺憾的是，在我執筆本書的2020年11月12日，小柴老師過世了。我想起了不久前曾經和小柴老師通電子郵件，聊到他在我的母校加古川東高校理數科的一場演講，主題就是SN1987A，實在讓人相當感傷。

4-8 神岡探測器如何捕捉微中子？

── 地下1000m與超純水

神岡探測器位於地下1000m處，裡頭有個大水槽，裝有3000噸的超純水，槽壁則掛著共1000個光電倍增管。之所以要把觀測裝置設置在地下深處，是因為地球隨時都沐浴在各種輻射下。除了微中子之外，還包括質子等宇宙射線。這些宇宙射線在撞擊到大氣中的氮原子後，會生成緲子（電子的同類粒子：輕子），不過緲子進入地下後就會馬上失去能量。

微中子則幾乎不會與其他粒子相撞（不會產生交互作用），而是直

圖4-8-1 ● 神岡探測器的結構

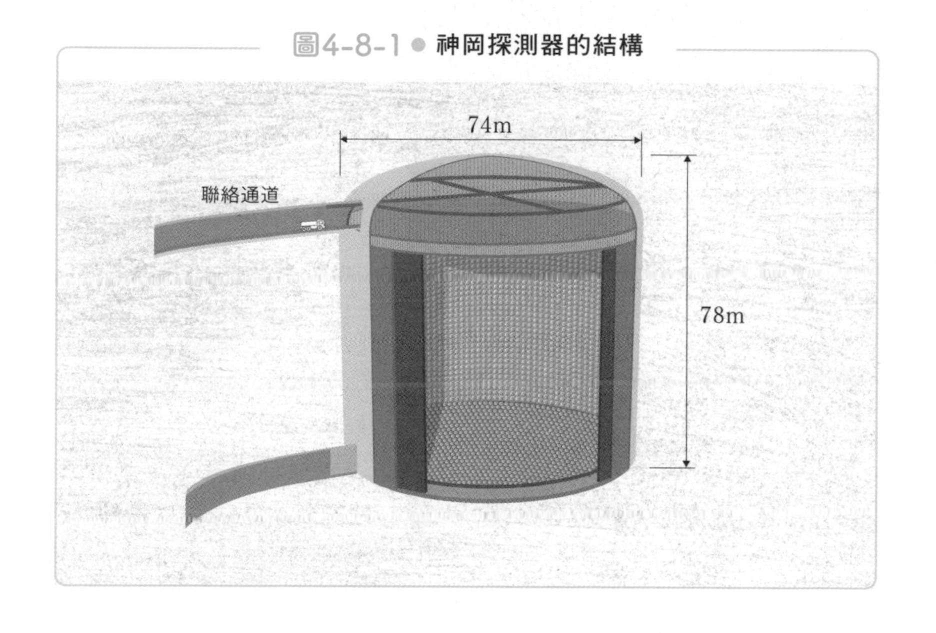

接貫穿地球。不過，在極其罕見的情況下，微中子會與水中的質子或電子相撞，發出光芒。

超新星微中子主要撞擊質子，太陽微中子主要撞擊電子。所以若想觀測微中子，需在地底下準備大量的水（3000噸的超純水），靜待微中子與原子相撞的機會。

●契忍可夫輻射是什麼樣的光

應該不少人都聽過「不存在比光還要快的東西」這個說法，不過這是指真空的情況。事實上，高能電子在水中的速度可以超越光速。真空中的光確實可在1秒內前進30萬km，世界上不存在比光還要快的東西。但如果是在真空以外的介質中，譬如水中，其他東西就有可能會比光還要快。

圖4-8-2　美國愛達荷國家實驗室觀測到的契忍可夫輻射

因為真空與其他介質（水等）傳遞光的機制並不相同。光碰上障礙（譬如粒子）時，會散射開來（受到擾亂），只能跌跌撞撞地前進，所以介質中的光會走得比較慢。這表示其他物質有機會能超越光速。

舉例來說，光在水中的速度只有每秒22.5萬km，微中子可以跑得比光還要快。當微中子撞飛電子時，這個電子也會以超過光速的速度飛行，這時就會產生**契忍可夫輻射**，並發出光芒。

契忍可夫輻射的光譜分布為藍光到紫外線，波長較短，人眼中看起來會是藍紫色。原子爐中，冷卻燃料用的池水看起來會藍藍的，就是因為契忍可夫輻射的藍色光芒造成。冷卻池會洩漏出些許放射性物質，這些**放射性物質撞飛的電子在水中的速度，會超越水中光速，所以會產生藍紫色的契忍可夫輻射**。

神岡探測器內有3000噸的超純水，並設有1000個光電倍增管；**超級神岡探測器**繼承了神岡探測器的任務，兩者比較如下。

圖4-8-3● 將微中子射入巨大水槽後會產生契忍可夫輻射

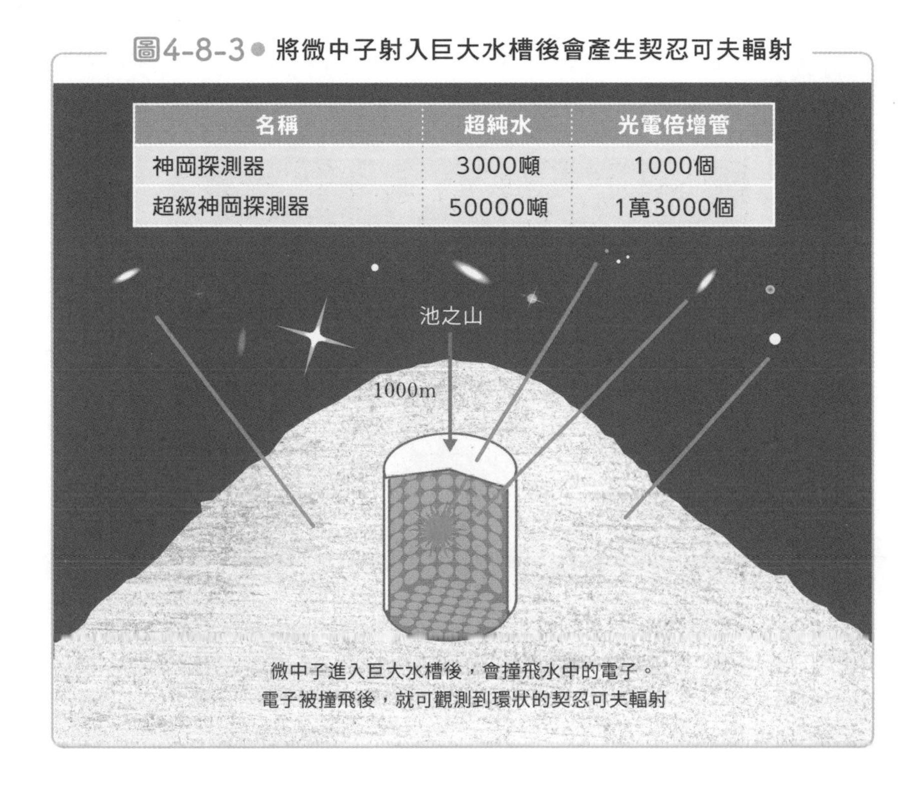

名稱	超純水	光電倍增管
神岡探測器	3000噸	1000個
超級神岡探測器	50000噸	1萬3000個

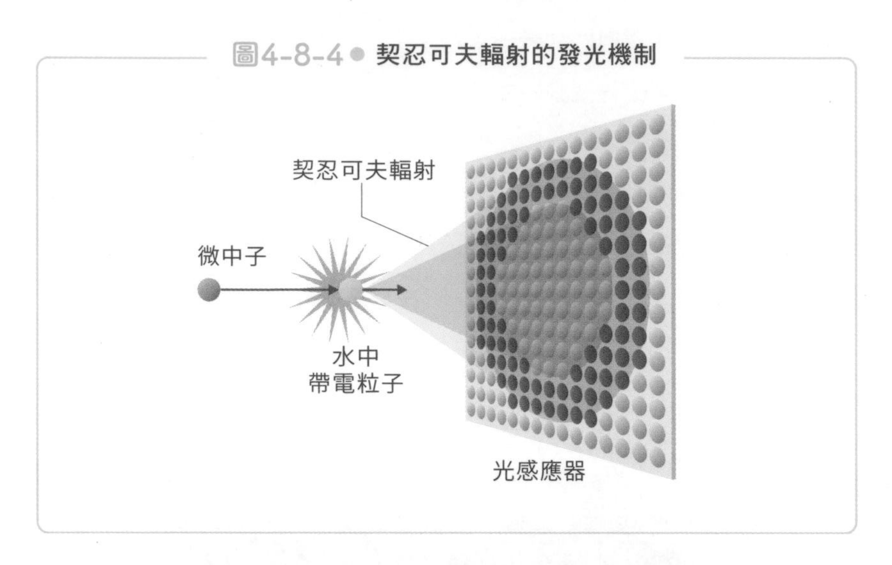

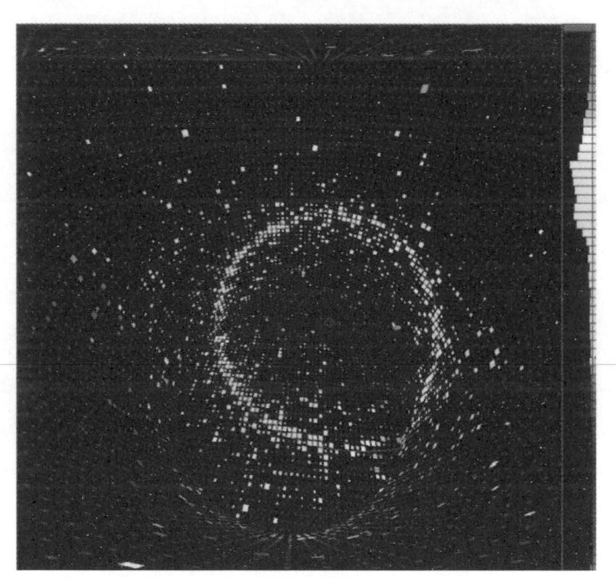

圖4-8-5　被捕捉到的電微中子　出處：KEK

為什麼要使用超純水？

觀測裝置內的水不是一般的水，而是純度超高的**超純水**。我們會把幾乎不含有機物、雜質的水叫做純水，超純水的純度又比純水更高。之所以要用超純水來觀測微中子，是因為超純水的穿透性較高。在KEK（高能加速器研究機構）的前機構長——鈴木厚人的努力下，總算能建成這個裝置。

超巨型神岡探測器（Hyper-Kamiokande）則預計從2025年起展開實驗，它比現有的超級神岡探測器還要大。水槽體積達26萬噸，有效體積為19萬噸，是目前超級神岡探測器的約10倍。

 全球各種研究設施

—— GAZOOKS計畫、冰立方

日本有著世界級的代表性微中子檢出裝置，包括前面介紹到的神岡探測器（已退役）、超級神岡探測器（現役）、超巨型神岡探測器（預計於2025年啟用）等。不過，世界各地還有各式各樣的裝置，使用不同的「水」來檢測微中子。

首先要說明的是，在超級神岡探測器的計畫中，曾考慮過不使用超純水，而是使用溶有稀土元素釓Gd的水，稱做「**GAZOOKS計畫**」。若依照GAZOOKS計畫進行，除了會產生契忍可夫輻射之外，釓吸收中子之後，還會釋放出伽瑪射線。若能善用兩者訊號，將可大幅提升檢出微中子的精度。

再者，是位於南極的**冰立方微中子觀測站**。冰立方（IceCube）用的不是水，而是在南極的厚重冰層下，觀察1km^{3}的冰塊。超級神岡探測器使用的是直徑40m，高41.4m的圓筒狀水槽，可觀測的能量範圍為MeV到數10 GeV（10^{10}eV）。冰立方能夠觀測的能量範圍則從100GeV（10^{11}eV）到100PeV（10^{17}eV），是世界上最大的微中子觀測設施。

冰立方可以檢測出被冰散射的粒子。高能緲微中子撞擊到質子後，會散射並產生緲子飛出。也就是說，穿過冰層的緲微中子會產生**緲子**，並在冰層中產生契忍可夫輻射，再被研究人員觀測到。

能量大到這種程度時，就沒有用純水的必要了。觀察太陽微中子、大氣微中子時，因為它們的能量很小，必須用純水才觀測得到契忍可夫輻射。不過，冰立方的觀測對象是能量在數100TeV等級以上的微中子，所以稍微有些雜質也沒有關係。冰立方或許能捕捉到來自暗物質、能量在PeV以上的微中子，因此一度引起熱議。我們將於第6章的最後再次說明這個部分。

圖4-9-1　冰立方的光電倍增管

世界上還有其他微中子探測器，譬如位於地中海海面下2500m深的ANTARES，該裝置已於2008年開始運作。這是由12條彼此間隔70m的繩子組成，每條繩子分別綁著75個光電倍增管，可用於檢出海水產生的契忍可夫輻射。

在ANTARES之後，科學家們還建造了名為「KM3NeT次世代微中子望遠鏡」的契忍可夫輻射。它也是在地中海底下運作，完成後可測量數 km^3 的水所產生的契忍可夫輻射，規模比冰立方還要大。

不過，這種檢測器使用的不是純水而是海水，透明度較低，所以粒子的能量要夠高才能檢測出來，至少要是數 10TeV 以上才行。

圖 **4-9-2**　位於地中海海底的 ANTARES 檢測器

第5章

為什麼「微中子振盪」是劃時代的發現？

暗物質與暗能量等毛骨悚然的存在

——暗物質、暗能量

● 由星系的觀測發現了「看不見的物質」

我們現在所看到的人類、太陽、星系以及星系群等等，所有東西都是由物質構成。「物質構成了宇宙的全部」這個概念長年以來深植於人類心中。

不過，後來我們了解到，宇宙中存在著許多我們人類看不到的物質，那就是「**暗物質**（dark matter）」。這個名稱聽起來很像科幻作品中的虛構物質，卻實際存在於宇宙中，而且暗物質在宇宙中的含量，**遠多於我們看得到的「物質」**。

1934年，瑞士的天文學家茲威基（Fritz Zwicky，1898～1974）觀測「后髮座星系團」時，發現周圍星系的旋轉速度所對應的中心質量，與透過光學觀測結果推算的中心質量不符。周圍星系的轉速明顯過快，推測存在400倍以上的重力缺損（missing mass）。

在這之後，美國天文學家魯賓（Vera Rubin，1928～2016）於1970年代觀測仙女座星系時，發現周圍與中心部分的旋轉速度幾乎沒什麼差別，並推論仙女座的真正質量，是以光學觀測結果推算出之質量的10倍左右。

到了1986年，科學家們觀測到了宇宙中的大規模結構，發現星系的分布就像是泡泡般的結構。若要形成這種結構，僅靠觀測到的質量是不夠的。為了補充質量的不足，科學家們假設宇宙中存在「看不見的物質＝暗物質」。

看不到卻存在？暗物質是什麼？

前面提到我們看不見暗物質，而且不只用可見光看不到，就連用無線電波、X射線也不行，任何電磁波都無法檢測出這種物質（它們不帶電荷，交互作用極其微弱）。因為用肉眼、X射線，或者其他方法都看不到它們，所以稱其為「暗」物質。

不過，從星系的運動看來，可以確定「**那裡確實存在眼見所及之上的重力（質量）**」。這就是由暗物質造成的重力。

看不到的能量「暗能量」是什麼？

事實上，科學家們也逐漸了解到，宇宙中除了暗物質之外，還存在「看不見的能量」。原本科學家們認為，宇宙膨脹速度應該會愈來愈慢才對，不過，1998年觀測Ⅰa型超新星（可精確估計距離）的結果，發現宇宙的膨脹正在加速中。這個結果證明宇宙充滿了我們看不到的能量「**暗能量**（dark energy）」。而且，推測暗能量的量應該比暗物質還要更多。

我們過去所知道的「物質」，以及暗物質、暗能量在宇宙中的估計比例，如圖5－1－1與圖5－1－2所示。

這項估計是基於**WMAP衛星**（美國）於2003年起觀測的宇宙微波背景輻射（CMB），計算出來的結果。後來，**普朗克衛星**（*）（歐洲太空總署）於2013年起開始觀測宇宙，並發表了更為精準的數值。

（＊）普朗克衛星
歐洲太空總署（ESA）為了觀測距離我們138億光年的宇宙微波背景輻射（CMB）而發射至宇宙的觀測裝置（人造衛星）。可與NASA發射，廣視角、低感度的WMAP衛星互相對照。由WMAP衛星製成的CMB地圖，計算出宇宙年齡應為137億年左右，誤差在正負2億年內；普朗克衛星則製作出了更為詳細的CMB地圖，並以此推論出宇宙年齡應為138億年左右，誤差在正負6000萬年內，數字更為精準。

圖 5-1-1 ● 比較 WMAP 衛星與普朗克衛星

	暗能量	暗物質	一般物質
WMAP衛星	74%	22%	4%
普朗克衛星	68.3%	26.8%	4.9%

由此看來，宇宙中應該充滿了許多我們觀測不到的「暗物質」與「暗能量」才對。反過來說，一般物質的含量出奇的少。

圖 5-1-2 ●「物質」只占了 4%

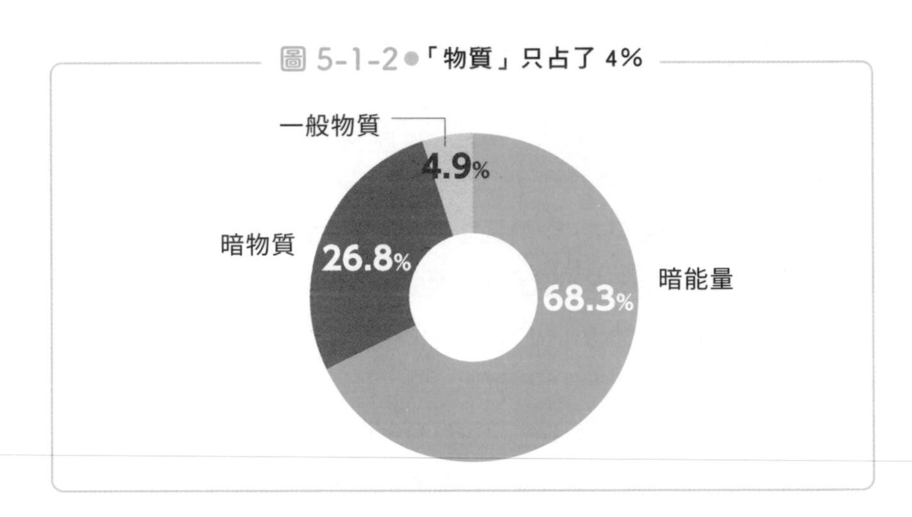

暗物質的真面目是微中子？

── 過輕的微中子

既然暗物質有質量，那會不會是由某種基本粒子構成的呢？也有人認為暗物質是在宇宙初期誕生的迷你黑洞（原始黑洞），而我也致力於這些研究，不過相關說明不在此贅述。已知的基本粒子（共17種）以及其他未知粒子，都有可能是暗物質，在這些粒子當中最被看好的是微中子。

因為**暗物質不帶電荷，不與其他物質產生交互作用，會輕易穿過其他物質**。這些暗物質的特徵與微中子幾乎相同。而且，宇宙中也確實充滿了微中子。因此，微中子很可能是暗物質的真面目。

不過，目前的物理學得出的結論卻是「微中子不可能是暗物質的主要成分」。為什麼微中子被撇除了呢？

這是因為，**雖然微中子大量存在於宇宙中，質量卻太輕了**。雖然科學家們現在還無法確定微中子的精準質量是多少，不過依照目前的宇宙論，3個世代的微中子總質量上限應為0.3eV。如果暗物質是微中子的話，那麼3個世代的微中子總質量應高達9eV才對，兩者的數值相差過大。

另一方面，暗物質中的冷暗物質（cold dark matter）的速度應該會非常慢才對。宇宙暴脹時期會產生密度的擾動，進而產生暗物質的擾動（空間的擾動應與觀測到的CMB擾動相同），這種微妙的重力偏差，會讓周圍的暗物質聚集，提升重力，進一步吸引更多原子聚集，最後形成我們現在看到的星系。相較於此，微中子過輕（屬於熱暗物質，hot dark matter），會以高速飛行。微中子無法固定在一處，這樣就無法聚集起周圍的原子，自然也無法形成星系。

熱暗物質、冷暗物質

這裡要介紹的是熱暗物質與冷暗物質。所謂的「**熱暗物質**」，指的是由像微中子那樣「以接近光速的速度飛行」的粒子組成暗物質的形式。

宇宙微波背景輻射（CMB）可顯示出宇宙初期的溫度起伏，因而得知存在相當微小，卻十分明顯的擾動，此擾動與暗物質的擾動相同。擾動中，物質會往較濃的部分聚集，並形成星系或星系團等大規模結構。

不過，如同我們前面提到的，科學家們認為以接近光速的速度運動的微中子，在程度那麼微弱的宇宙初期擾動下，很難形成現今的星系團。

於是，科學家們假設宇宙中還存在著速度非常慢的未知粒子「**冷暗物質**」。

冷暗物質的候選者包括「**超對稱粒子**（SUSY粒子）」當中光的**超伴子**——超中性子（neutralino）、名為軸子（axion）的假設粒子；另外，也有人認為原始黑洞可能是「冷暗物質的候選者」，雖然黑洞並不是基本粒子。在討論暗物質時，即使不假設這些未知粒子的存在，在標準模型的範圍內，微中子也是呼聲很高的候選者。

如同在討論熱暗物質時提到的，當我們認為微中子應該不是主要暗物質時，就表示基本粒子物理學需要一個超越標準理論的新理論，這點十分重要。

圖5-2-1　CMB的擾動　出處：ESA（再次列出）

那麼，微中子真的完全不可能是暗物質嗎？倒也並非如此。如果存在右旋的微中子，由於我們還不曉得它的質量以及存在量，所以「微中子是暗物質」的可能性還沒完全消失。不過，這樣就必須引入超越標準理論的理論才行。在目前只有發現左旋、符合標準理論的微中子的情況下，一切都還未知。關於這點，我們將在第6章第7節詳細說明。

為什麼要在地下深處觀測微中子？

—— 排除緲子

神岡探測器、超級神岡探測器是著名的微中子觀測裝置，兩者都位於岐阜縣神岡町的地下1000m處。另外，南極的冰立方則是在地下1450～2450m處觀測微中子。

之所以要像這樣**在地下深處觀測微中子，是為了減少干擾觀測的雜物**。特別是**緲子**（類似電子的粒子）或是其他宇宙射線中的各種粒子。觀測微中子時，須排除這些粒子的影響才行。

如同我們在說明大氣微中子時提到的，宇宙射線的主要成分是質子，這些質子射入地球時，會撞擊到大氣中的氮原子與氧原子。

宇宙射線的質子與氮原子的質子相撞後，會產生大量**π介子**。π介子的壽命相當短。電中性的π介子π^0會馬上衰變成2個光子。帶電的π介子$\pi^{\pm}$壽命約為1億分之2秒（0.00000002秒），然後也會衰變。其中，π^-會衰變成緲子與反緲微中子。

相較於π介子，**緲子的壽命長得多**。在**相對論效應**的影響下，能量愈高，粒子的壽命（2.2×10^{-6}秒）會延得愈長。μ^-會進一步衰變成電子、反電微中子以及緲微中子。所以1個π^-衰變後，會生成電子、反電微中子、緲微中子、反緲微中子。相對的，1個π^+衰變後，會生成正電子、電微中子、緲微中子、反緲微中子。

雖然緲子帶有電荷，會參與電磁交互作用，卻不會參與強交互作用。緲子壽命長、質量大，所以穿透力很強，部分緲子也會直接進入地下。緲子質量是電子的200倍，即使帶有電荷，也很難阻止它前進。

不過，如果觀測裝置設置在地下1000m的深處，緲子就進不來了。所以說，**如果目的是「檢出微中子」的話，在地底下設置觀測設施是最恰當的**。

順帶一提，神岡探測器與超級神岡探測器一開始的目的並不是「檢出微中子」，而是觀測「水分子的質子衰變」。後來卻沒能觀測到質子衰變，實在是有些諷刺。

圖 5-3-1 ● 若希望只觀察到微中子

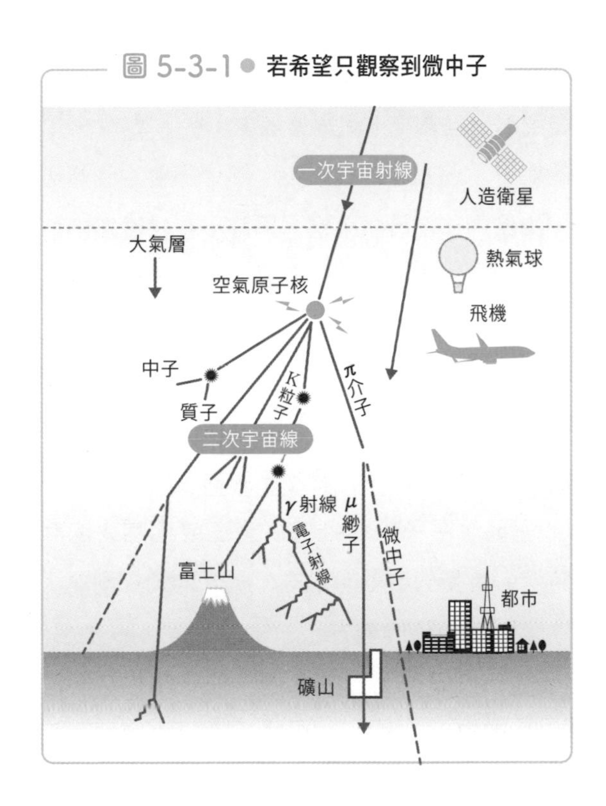

透視金字塔內部的技術

——緲子斷層掃描

前一節中，我們提到「緲子穿透力強，部分也會直接進入地下」。穿透力強表示緲子幾乎不會散射，換言之「偶爾會散射」。

舉例來說，射向火山的緲子，部分會穿透火山，部分不會。我們可以透過這點，用緲子拍攝火山的內部物質與結構。另外，在金字塔內部放置檢測器，觀測緲子穿透金字塔的情況，或許能發現金字塔內尚未被發現的房間或通道。KEK與名古屋大學等日本學者正在研究如何應用相關技術。

這種技術名為「**緲子斷層掃描**」。善用各種基本粒子的特徵，或許能在火山學、地震學、古歷史學等各類領域有意想不到的應用。

反過來說，在觀測微中子時，緲子的這種特性會造成相當大的麻煩。如果觀測器設置得不夠深，會受到嚴重的干擾，所以神岡探測器、超級神岡探測器都設置在地下1000m深的地方。

往下挖掘1000m，然後在下方設置巨大的水槽，是一件相當困難的事。不過，利用已廢棄的神岡礦山，就能在距離山頂下方1000m處設置巨大水槽。而這個水槽甚至距離地平面沒有很遠。

圖 5-4-1 ● 緲子斷層掃描可以用來研究火山

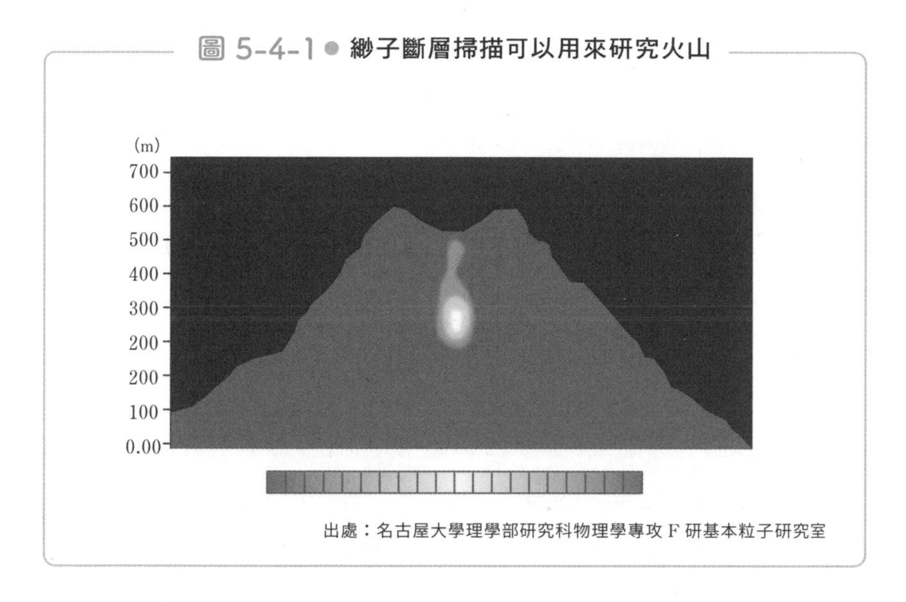

出處：名古屋大學理學部研究科物理學專攻 F 研基本粒子研究室

圖 5-4-2 ● 超級神岡探測器的結構

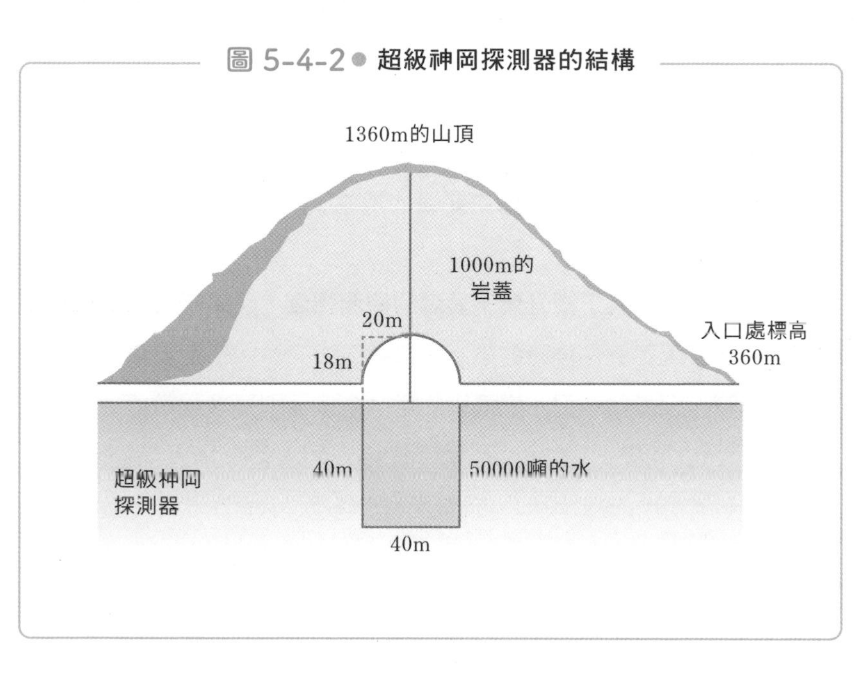

由「微中子振盪」確認到微中子的變化！

── 梶田博士的大發現

有很長的一段時間，物理學家之間都相信微中子具備「沒有質量、飛行速度與光速相同、幾乎不會產生交互作用（不會撞擊到其他粒子）、不帶電荷」這樣的特徵。基本粒子的標準模型（**標準理論**），也是以微中子沒有質量為前提建構出來的，而且能夠幾近完美地說明現實情況與理論。

不過，有個日本人透過實驗發現「微中子可能具有質量」，這個人就是梶田隆章。梶田博士進入東京大學小柴研究室時，神岡探測器才剛開始建設。神岡探測器原本的主要目的是為了觀測「**質子衰變**」，卻一直沒有相應的成果。

後來研究團隊**為了提升質子衰變的觀測精度，開始研究大氣微中子的資料**，並發現了一件神奇的事。來自上空的緲微中子量雖然與理論計算結果相符，但從地球另一邊飛來的緲微中子，則是理論數值的一半以下。

考慮到可能是資料誤判，研究團隊又多次檢視了資料，最後確認「判斷無誤」，並於1988年發表了研究結果「緲微中子之所以那麼少，或許是因為微中子振盪」。

但不巧的是，海外有篇論文提出相反的論點，認為「微中子的數目並沒有減少」（後來證實了該論文內容有誤）。於是研究團隊認為，為了使結果能夠取信更多人，應該要蒐集更多資料才行。然而，神岡探測器的資料量有著決定性的不足。

在這之後，性能為神岡探測器15倍的**超級神岡探測器**建造完成，讓研究團隊能蒐集到更充足的資料。由大氣微中子的實驗，證實了「**微中子振盪確實在進行中**」，並於1998年岐阜縣高山市的國際會議中發表了這個結果。這次結果的精度為6.2 σ（sigma）。

σ（sigma）指的是統計學上的**標準差**，當我們想說明「實際情況與預估不符，單純是因為運氣好而得到與預估相符之結果的機率」時，就會用σ來表示。一般而言，統計學上可以容許的誤差能夠大至5%（2 σ），或者是0.3%（3 σ），但是在基本粒子的研究中對於誤差會要求得更嚴格。

梶田博士的「6.2 σ」，嚴格到「因運氣好而矇對的機率」只有0.000000057%（1億次中只有5～6次）。

就這樣，科學家們確定「微中子振盪會發生」，且會議中許多研究者都同意「**微中子有質量**」。

●微中子振盪是什麼？

超級神岡探測器設置在地底下1000m深的地方。從上方射向探測器之大氣微中子的數量，與理論計算結果相符。

而從地球另一側射向探測器的大氣微中子，也會被超級神岡探測器捕捉到。這些微中子的狀況又是如何呢？

與神岡探測器相同，超級神岡探測器觀測從地球另一側飛來的大氣微中子時，得到的結果也只有理論預測值的一半。就像我們前面提到的一樣。

曾有研究團隊發表「因為緲微中子撞擊到其他粒子，所以數量會減少」的假說。而超級神岡探測器就是為了驗證此論點而建造，它不只能探測到電微中子，也能探測到穿過地球時，較不易撞到其他粒子的緲微中子。

圖5-5-1 ● 來自上空與來自地球另一側的數量不同！

大氣中產生的微中子

大氣微中子的振盪現象

緲微中子

從正上方飛過來

飛行距離較短，不會變身

超級神岡探測器

飛行距離較長，故會轉變成陶微中子。緲微中子數量減半（振盪現象）

從正下方貫穿地球抵達

緲微中子

確認微中子有質量

圖5-5-2 ● 理論值與觀測資料一致

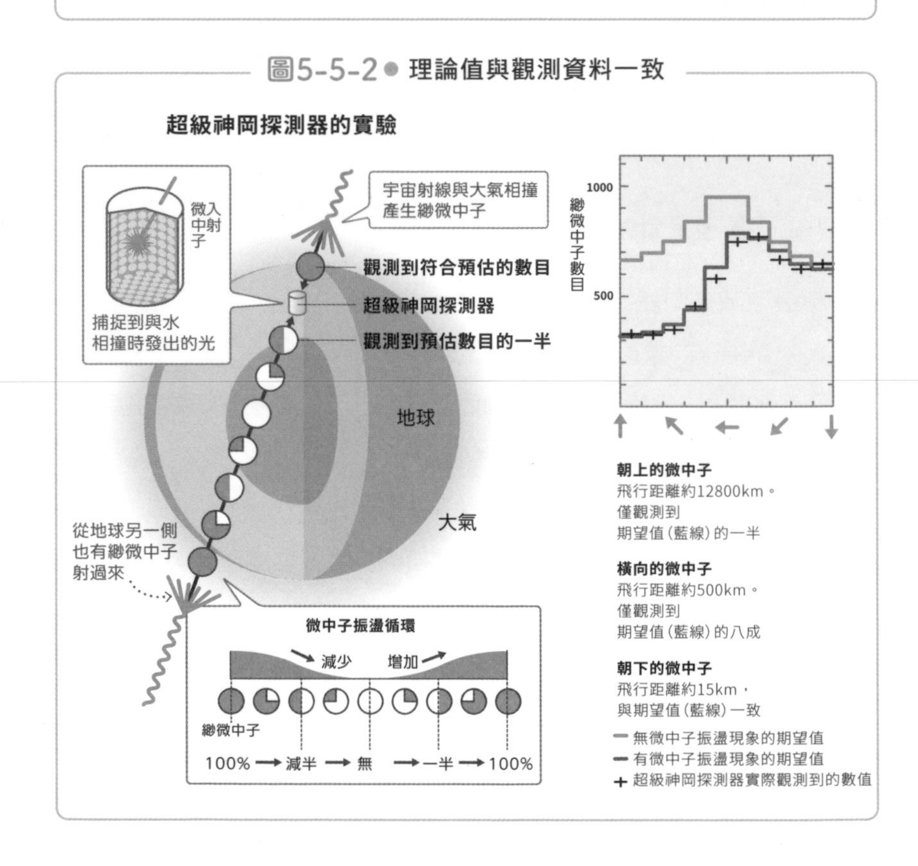

結果顯示，之所以只能探測到理論數值一半的微中子，並非因為微中子與其他粒子相撞，而是因為微中子是從「一定距離」外飛來（比從上空飛來的距離還要長），所以數量才會變得比原本還要少。簡單來說，就是

「若微中子從一定距離外飛來，便會依『緲型→陶型』的規則，週期性地改變其世代」

的概念。

這種「微中子會轉變成其他世代微中子」的過程，就叫做「振盪」，稱做**微中子振盪**（*）。

圖5-5-3● 緲微中子轉變成陶微中子

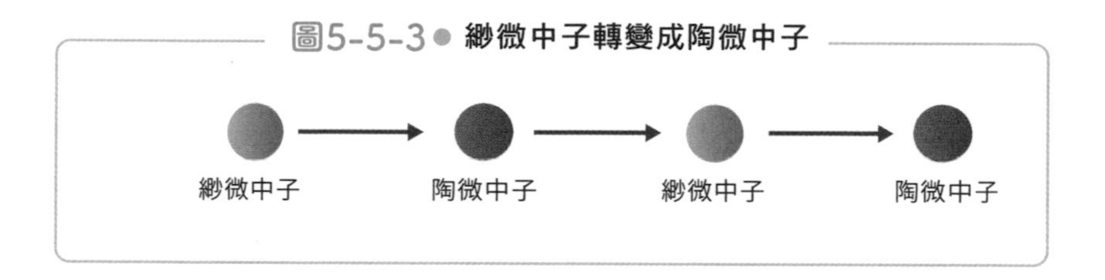

（*）**微中子振盪**
3個世代的微中子（電微中子、緲微中子、陶微中子）在前進一定距離後，會轉換成其他世代的微中子。各世代微中子的存在機率，會在微中子的前進過程中週期性變化，這種變化就叫做「微中子振盪」。**發生這種變化（振盪），被認為是微中子擁有質量的證據**。基本粒子標準模型中，微中子被認為是沒有質量的粒子，而在梶田隆章發表「微中子振盪（微中子擁有質量！）」這個發現後，標準模型勢必得修正。

圖5-5-4● 移動一定距離後，微中子會轉變成其他粒子

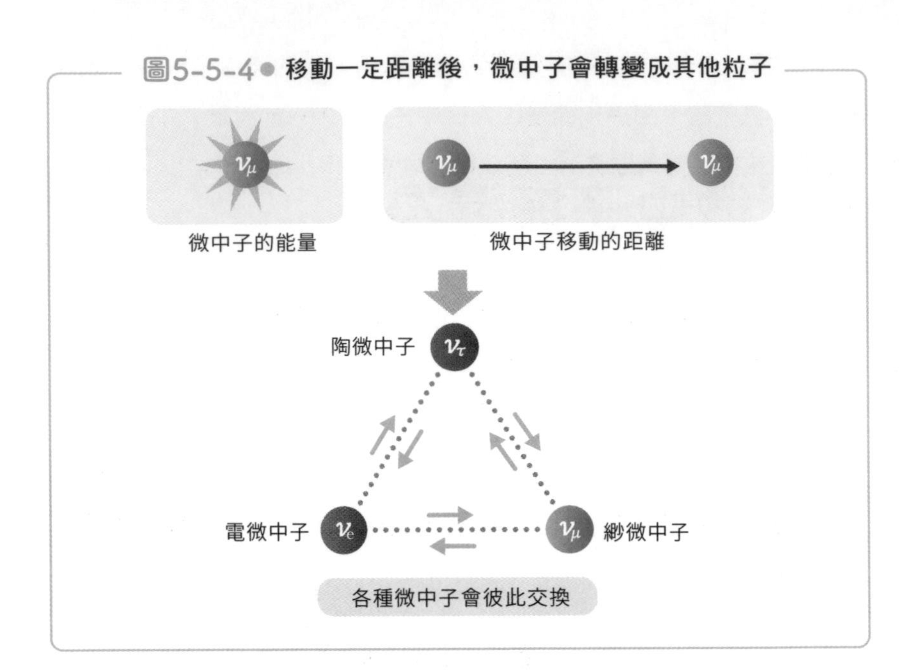

微中子振盪為波的疊合

── 相當於「拍頻」的現象

如同我們在量子力學中學到的，光子（光）是一種粒子，也是一種波。同樣的，質量被認為很小的微中子是粒子，同時也是波。

如圖5－6－1所示，緲微中子、陶微中子的質量不同，故它們的波形也不一樣。因為週期與質量成反比。

不過實際情況是，**飛行中的緲微中子，其實是緲微中子與陶微中子的波疊合的樣子**。

2個不同週期的波重疊時，振幅會變大又變小；振幅的變動週期與質量差成反比。這種現象與聲音的「拍頻」相似。

此時，若**緲微中子成分較高，會呈現出緲微中子的樣貌**；飛行一定距離後（經過一定時間後），**陶微中子成分提高，會呈現出陶微中子的樣貌**。

圖5-6-1● 「緲型→陶型→緲型…」變化的樣子

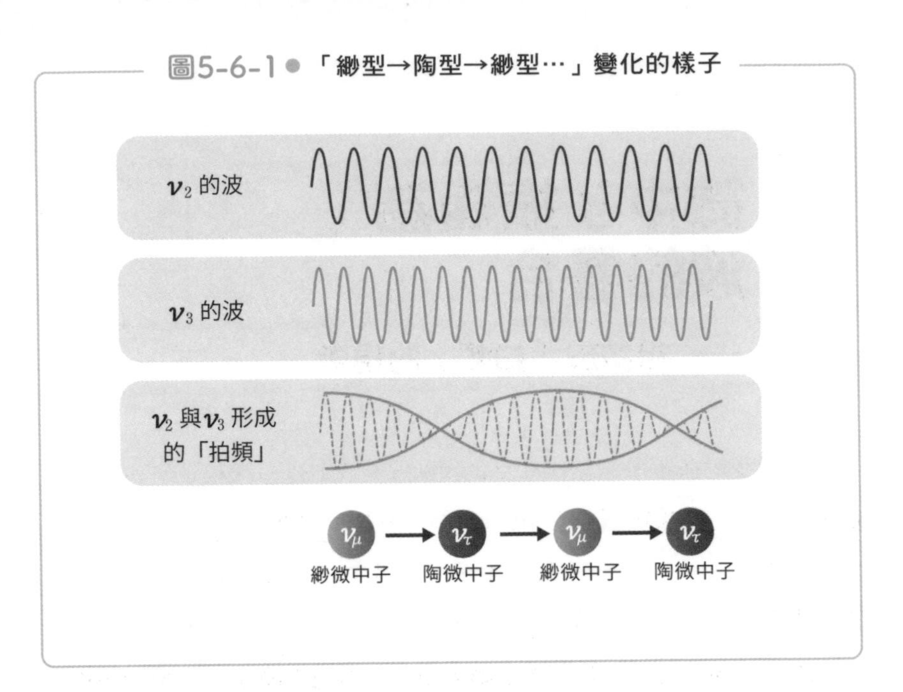

這就是「**微中子振盪**」的機制。這種振盪現象不僅存在於緲微中子與陶微中子之間，

「**電微中子**←→**緲微中子**」

「**陶微中子**←→**電微中子**」

之間也存在著相同的機制。

因為能量與距離的關係，由大氣產生的緲微中子，剛好可以讓我們觀測到

「**緲微中子**←→**陶微中子**」

這樣的振盪。

電微中子轉變成緲微中子

—— 太陽微中子的MSW效應

前一節中，我們透過大氣微中子的粒子（梶田博士的發現），簡單描述了微中子的振盪，接著讓我們透過**太陽微中子**的例子，看看它的微中子振盪吧。

來自太陽的微中子在真空的太空中飛行，故不會撞到任何東西。這段期間內，微中子會出現「**真空振盪**」的現象，轉變成其他微中子。雖然前面在說明大氣微中子時已經提過相關原理，但因為這很重要，所以這裡請讓我們再說明一遍。

為什麼微中子會產生振盪（改變世代）的現象呢？因為「即使能量相同，當質量改變時，有效動量也會跟著改變」。愛因斯坦的狹義相對論說明了這點。即使能量 E 相同，當質量 m 改變時，動量 p 也會跟著改變。

這個概念可用數學式表示如下。

$$動量\ p = \sqrt{E^2 - m^2}$$

也就是說，當式子中的質量數值不同時，動量的數值也會跟著產生變化。

下一頁圖為2個波 ν_1、ν_2 的混合。在左端，2個波完全一致，呈現出「緲微中子（ν_μ）」的樣子。由於2個波的質量不同、動量不同，所以在飛行過程中會逐漸錯開。

到了圖的正中央，振盪的相位完全相反。這種狀態就是「電微中子（ν_e）」。

同樣的，再飛行一段距離後，又會週期性地變回「緲微中子（ν_μ）」相位。

圖5-7-1● 飛行過程中改變相位

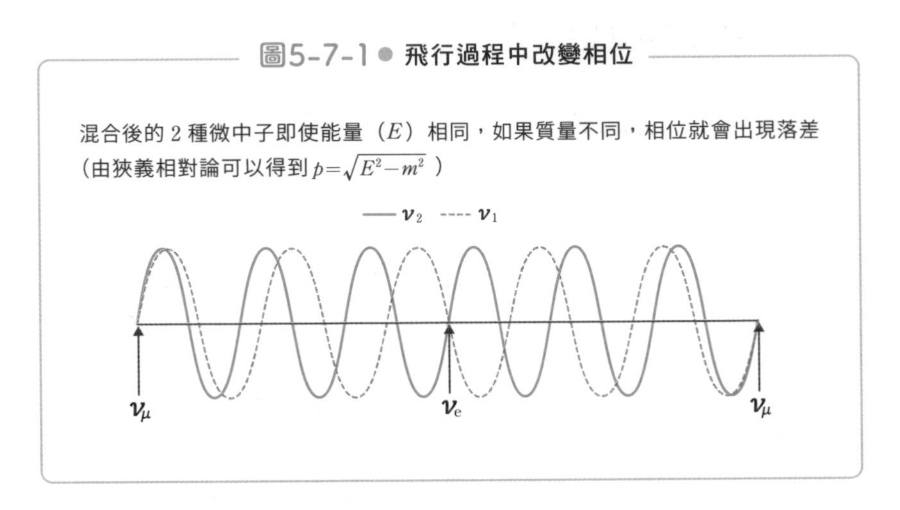

波的相位出現落差時，微中子就會在緲微中子與電微中子之間振盪，這就是「**真空振盪**（vacuum oscillation）」的機制。所以說，隨著觀察時間點的不同，觀察到的微中子種類也不一樣。

MSW效應

科學家們透過太陽微中子的研究，了解到**MSW效應**。這與太陽微中子及大氣微中子的振盪差異有關。

如同我們前面提到的，微中子在真空的太空中飛行時，不會撞到任何東西。即使如此，也會轉變成其他世代的微中子，這種現象叫做「真空振盪」。

相對於此，太陽製造出來的電微中子會在太陽內部「穿過許多物質」。雖然微中子幾乎不會與任何物質產生交互作用（不會與任何粒子相撞、散射），但畢竟會參與「弱交互作用」，所以多少還是會撞到一些粒子。而且比起緲微中子及陶微中子，電微中子更容易撞到物質中的電子，這種效應可用以解釋「為何微中子的移動難度較高」。

在談到希格斯場的時候也有提到，**基本粒子的移動難度與質量有關**。這裡我們可以說，電微中子會從太陽內部物質中獲得附加質量。這個質量差便會讓微中子振盪。說得更精確一點，這不是週期性的振盪，而是電微中子與緲微中子共振性的互相變換。

因此，太陽內物質使微中子變化的機率，與真空振盪的情況不同。這是在研究太陽微中子後才了解到的現象，也稱為**MSW效應**。

MSW這個名稱，源自首先成功說明了這個問題的3位理論學家姓氏的首字母，分別是俄羅斯的米赫耶夫（Mikheyev）、斯米爾諾夫（Smirnov）以及美國的沃芬斯坦（Wolfenstein）。

太陽微中子穿過地球時，也會發生MSW效應。晚上的太陽照著地球的另一側，這表示太陽微中子會通過地球內的物質，從地球另一側穿過來。在MSW效應下，白天與晚上的微中子量會有些許不同，並可測出差異，這叫做**晝夜效應**。

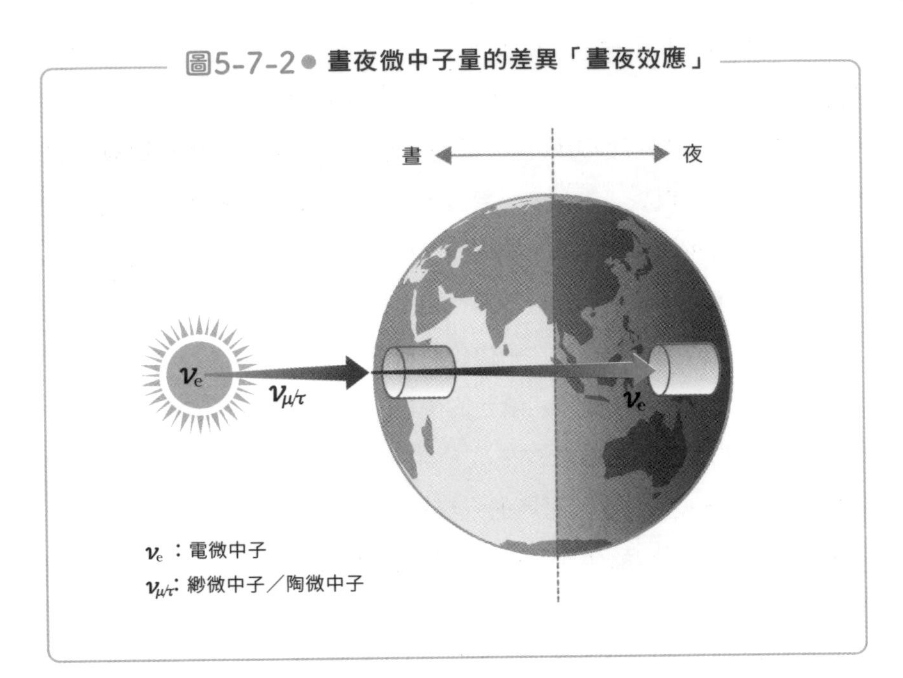
圖5-7-2● 晝夜微中子量的差異「晝夜效應」
晝
夜
ν_e
$\nu_{\mu/\tau}$
ν_e
ν_e ：電微中子
$\nu_{\mu/\tau}$: 緲微中子／陶微中子

5-8 微中子理論計算與實測值間的差異
—— 太陽微中子問題

圖5－8－1中，微中子檢出量的理論值（理論計算）與觀測值（實測值）完全不符。觀測值明顯比理論值還要少很多。在微中子檢出量特別少的例子中，甚至只有理論值的1/3。這種現象稱為「**太陽微中子問題**」。

請看下一頁的圖。長條圖旁有標示進行實驗的設施名稱（神岡探測器、超級神岡探測器、歐洲Gallex等），以及實驗所使用的檢出方式（水、鎵Ga等）。

一開始的Sage、Gallex ／ GNO是1990年代建造的設施，使用鎵來捕捉太陽微中子。Sage為俄羅斯的實驗設施，使用了60噸的鎵。Gallex ／ GNO為歐洲的設施，同樣使用30噸的鎵。Gallex位於義大利阿布魯佐附近的大薩索山（海拔2912m）的地下3200m處。

高精度的微中子實驗，由日本的神岡探測器、超級神岡探測器，以及加拿大的SNO繼承。加拿大的SNO實驗室將1000噸的重水（HDO）放入球狀容器中做為觀測裝置，從2002年起開始觀測。如圖所示，所有觀測到的微中子數目加總接近理論值，但觀測到的電微中子數目卻只有理論值的1/3左右。

日本的神岡探測器、超級神岡探測器使用的不是重水，而是超純水（幾乎沒有雜質的水）。觀測到的微中子數目也只有理論值的1/3到1/2。

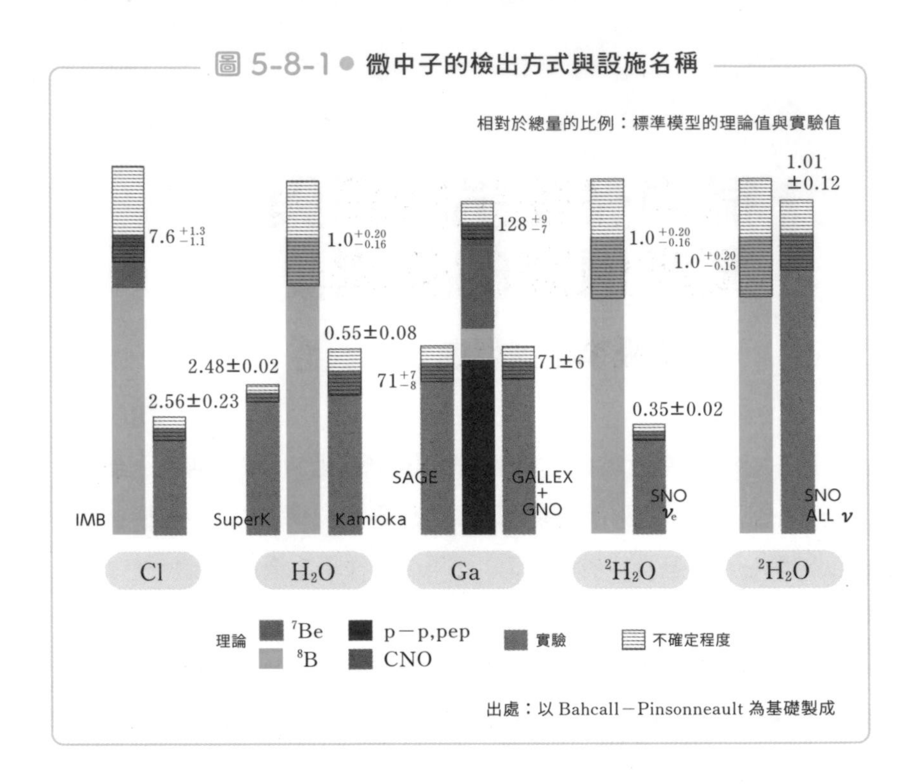

在統計學上，理論值與觀測值都有各自的平均值與誤差。一般而言，觀測值還要考慮到系統性的誤差。不過由圖中可以看出，就算只看平均值，觀測值也明顯比理論值少很多。本圖中的「不確定程度」指的就是誤差。也就是說，即使容忍最大的誤差（以最寬鬆的標準來看），觀測到的微中子量還是比理論計算得到的數值還要少。

透過微中子了解地球誕生之謎

——微中子地球物理學的誕生

若用微中子觀察地球內部，可以看到許多有趣的事，譬如地震，火山活動、地函對流、地磁等等，我們可以直接觀察到這些地球動態。相關學問又稱為「**微中子地球物理學**」。

這裡若要舉出更具體的例子的話：

①微行星融合形成地球時產生的熱

②放射性同位素——鈾衰變時產生的熱

分辨上述2種地熱就是其中一例。

而這個領域的主角是**KamLAND**(*)（微中子科學研究中心）。位於岐阜縣神岡的神岡探測器於1996年退役（同年，繼承任務的超級神岡探測器開始運作）後，研究團隊在舊神岡探測器的基地建造了KamLAND，於2002年1月開始運作。KamLAND是東北大學微中子科學研究中心的反微中子檢出器，可捕捉低能量的微中子。

微行星融合形成地球時會產生熱，地球內部深處仍留有當時留下的原始地熱。宇宙塵埃或微行星的撞擊，會將重力位能轉換成熱能。部分熱能會被地球捕捉，使地球內部變得溫熱。另外，較重的鐵會沉入地球內部，同樣的，會將重力位能轉換成熱能。這些能量使地球內部仍處於

（＊）KamLAND
Kamioka Liquid Scintillator Anti－Neutrino Detector（神岡液態閃爍體反微中子檢出器）的簡稱。除了微中子之外，檢出反微中子也是該設施的目的。可檢出地球內部的核反應，以確認地熱來源。

高溫狀態，並將這些熱能逐漸往外擴散。這就是前頁①中提到的地熱。

另外，在地函附近，鈾、釷等放射性元素的衰變也會產生地熱。構成地球的岩石中，含有微量的放射性同位素，主要有鈾、釷、鉀等元素，它們自然衰變時會釋放出熱。特別是花崗岩、玄武岩的發熱量遠比橄欖岩還要多，可見地殼中的放射性同位素濃度相當高。

放射性同位素的量會隨著時間而逐漸減少。假設整個地球的放射性同位素含量與球粒隕石（chondrite，含有許多粒子的球狀石質隕石）的放射性同位素含量相同，那麼現在的衰變熱能為每年9.5×10^{20}J，地球誕生的45億年前，衰變熱能則是每年7.2×10^{21}J。

KamLAND的功績

研究地熱不只能幫助我們了解地磁的生成、地函的對流，也能進一步說明地震、火山噴發機制等地球動態狀況，是相當重要的研究主題。

另一方面，地熱也有望能幫助我們解明宇宙塵埃與微行星聚集形成目前地球的過程。

不過，目前並沒有任何直接的調查手段能讓我們理解地熱的生成，所以需要KamLAND的幫助。舉例來說，放射性同位素中的鈾、釷等，會釋放出反電微中子（反粒子）。KamLAND不只能偵測到微中子，也能偵測到反微中子。KamLAND於2005年成功觀測到地球的反微中子，為「微中子地球物理學」打開了新的篇章。

另一方面，2011年時微中子的觀測精度大幅提升。由地球反微中子的觀測結果，成功測定出了前面提到的②，也就是

②放射性同位素——鈾衰變時產生的熱……21兆瓦

這和由隕石分析結果推估出來的數值——約20兆瓦幾乎一致。

自地表散逸的熱流量約為44兆2000億瓦。放射性同位素衰變所產生的熱約占了一半，而①微行星產生的地熱也幾乎是這個數值，兩者為1：1。如此一來，便可否認「地熱完全來自放射性物質」的想法。

圖 5-9-1 ● 地熱來源為何？

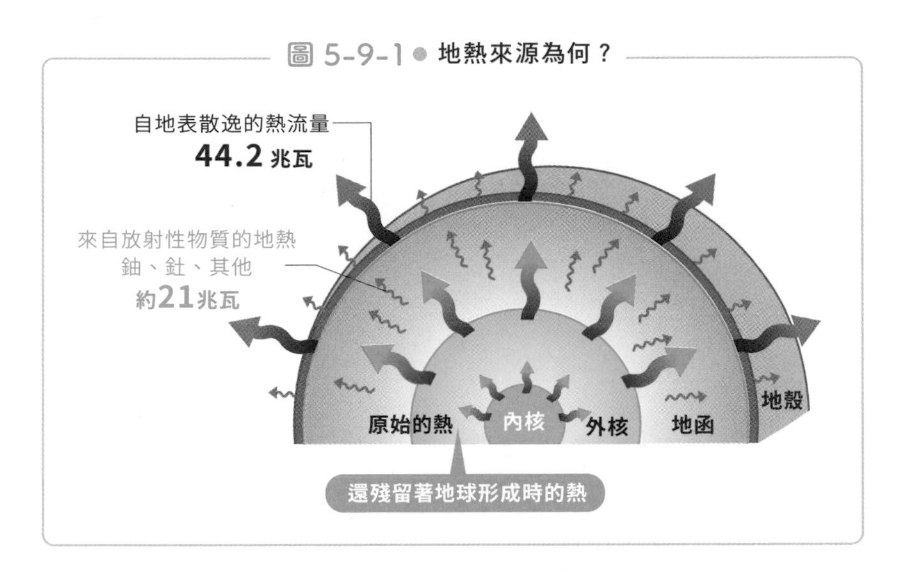
自地表散逸的熱流量
44.2 兆瓦
來自放射性物質的地熱
鈾、釷、其他
約21兆瓦
原始的熱
內核
外核
地函
地殼
還殘留著地球形成時的熱

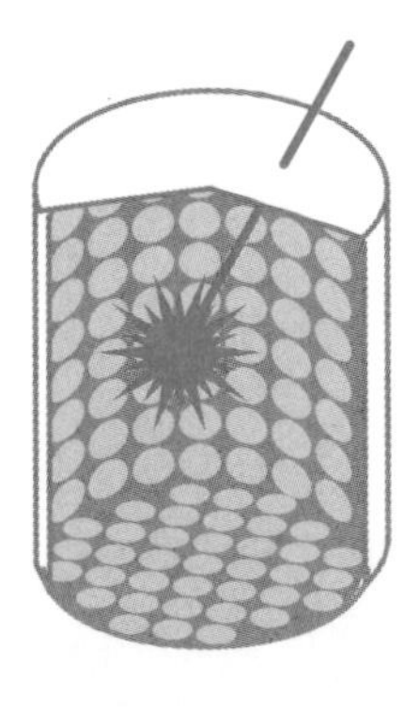

第6章

微中子研究開拓出了「新的基本粒子物理學」

微觀的基本粒子研究，解開了巨觀宇宙之謎

——銜尾蛇

當我以宇宙為主題演講時，常有人提出這樣的問題「**為什麼研究微觀下的基本粒子，可以知道廣大宇宙中發生了什麼事呢？**」。由於微中子也是基本粒子的一種，這裡就讓我們稍微談談這個問題吧。

圖6－1－1是「**銜尾蛇**」。較細的尾巴部分，表示較小的尺度規模。

圖 6-1-1● 銜尾蛇

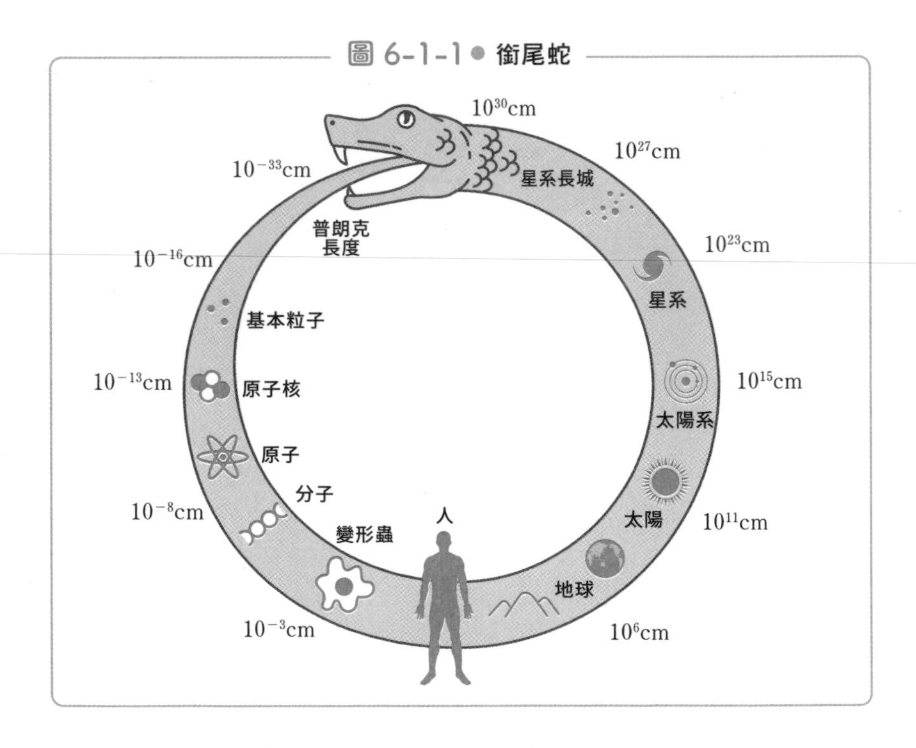

我們人類大小的尺度剛好在這張圖的正下方，約為10^2cm。次一級的尺度則是變形蟲大小，約為10^{-3}cm。

當尺度愈來愈小時，會陸續看到分子、原子，然後是構成原子的原子核，再來是基本粒子。最後則是「**普朗克長度**」的10^{-33}cm。這個**「普朗克長度」被認為是宇宙最小的長度**。現有物理學認為「零」的長度並不存在，必定存在一個最小的有限長度，這就是普朗克長度。

看似十分相似的物理與數學，在這點上卻有著很大的差異。數學中存在嚴格的零。數學通常會把零的存在設為一個公理（Axiom），以其建構數學理論。**「不存在嚴格的零」可以說是物理學式的概念。**

相對的，若擴大尺度，可以看到山、地球、太陽、星系，然後是由星系構成的星系團、更大的超星系團。其中，**星系長城**就是一種超星系團，英文為Great Wall，就是我們熟知的「萬里長城」。

事實上，在研究宇宙這種大尺度時空的起源時，常會需要用到小尺度世界的研究結果。簡單來說，這是因為宇宙剛誕生的時候非常小。**若想知道宇宙剛誕生時的樣貌、現象，就必須研究構成宇宙的最小單位「基本粒子」才行。**

物理學是宇宙各處皆通用的科學

—— 宇宙的時間回溯

蛋白質的材料也是來自宇宙

現在的宇宙正在急速膨脹。反過來說，如果將時間倒轉回到過去，宇宙就會愈來愈小。物質被急速壓縮時，體積會變得很小，且會轉變成高溫高壓狀態；同樣的宇宙縮小時，溫度也會變得相當高。如此一來，物質就無法維持原本的樣子，而是彼此分散，以「基本粒子」的樣貌存在。

所以說，如果無法解開基本粒子之謎，就無法進一步解開宇宙之謎，且也不知道宇宙未來會變成什麼樣子。因此，我所任職的KEK（高能加速器研究中心）致力於研究基本粒子物理學，推測宇宙的起源、宇宙的未來，希望為人類知識的發展做出貢獻。

宇宙現在的樣貌與剛誕生時完全不同。宇宙剛誕生時溫度極高，目前的整體溫度卻只有約3K（−270℃）。宇宙剛誕生時，所有基本粒子會彼此衝撞，合成出氦4等輕元素。「氦4」的4，指的是擁有4個核子，包括2個質子與2個中子。

在宇宙誕生初期，整個宇宙幾乎都在進行同一過程，就是2個元素彼此撞擊，形成更重的元素，也就是大霹靂的元素合成。在這之後，恆星內的反應會生成碳等更重的元素。現在的宇宙則藉由生物之力，由碳等元素合成出胺基酸、蛋白質等分子。

製造蛋白質時，碳元素是不可或缺的原料。而碳那麼重要的元素，卻需經過很罕見的現象，才能在恆星中被製造出來。

年輕的恆星可燃燒氫，合成出氦4。過程中產生的熱會與壓力達成平衡，保持恆星的外型。利用恆星內的高壓、高密度環境，讓3個氦4撞在一起，生成碳元素。不難想像，和2個粒子相撞相比，3個粒子撞在一起的機率非常低。不過，也只有透過這種恆星內微小元素的極為罕見的反應，才能製造出碳元素。

「碳」可以說是構成我們身體的元素中，最重要的元素。

圖 6-2-1 ● 製造碳的過程

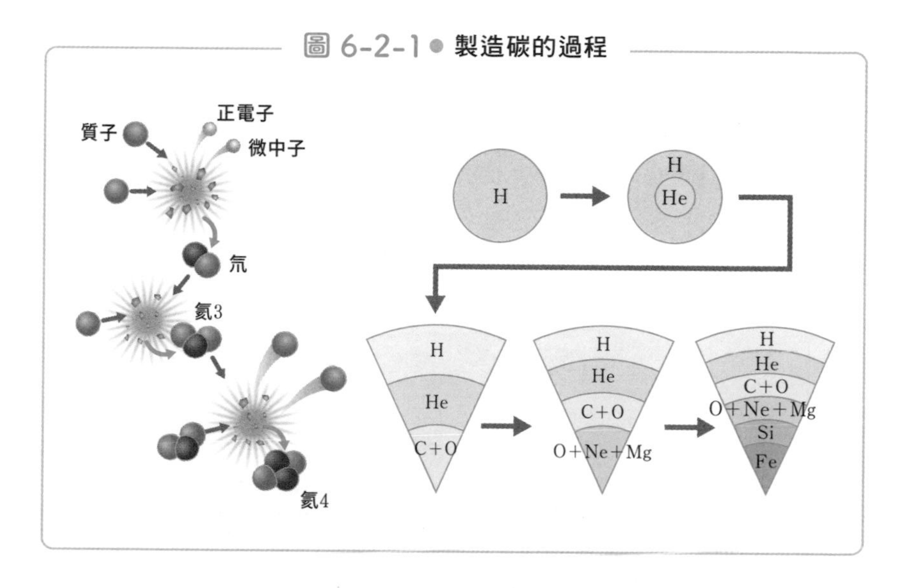

回溯過去

首先，**了解「恆星內的物理」**相當重要。前面我們提到，氦4是合成出碳時的必要元素，不過氦4形成時，已經是宇宙誕生後3分鐘左右的事了。即使放寬標準，也大約是1秒～5分鐘之間的事。

讓我們繼續往前回溯吧。當時的宇宙非常小，密度非常高，溫度約為1億K～10億K，壓力為1京大氣壓的1垓倍。在這種超高溫、超高壓的條件下，才終於形成氦4。要是沒有氦4的話，就不會有之後的碳（圖6－2－1），當然也不會有人類（圖6－2－2）。

若再往前回溯，那麼變得更小的宇宙又會長什麼樣子呢？氦4會分解成更小的原子核。若再繼續回溯，則能觀察到分解成四處飛舞的質子與中子的狀態。

這樣還沒結束，再往前回溯的話，質子與中子會分解成夸克（構成質子與中子的粒子）以及連接夸克的膠子。此時宇宙中也充滿了光子，以及電子、微中子等輕子。初期宇宙就是這種充滿了各種基本粒子的湯。

粒子與反粒子成對產生又湮滅的宇宙初期

當宇宙能量降至數100MeV的時候，才會形成質子與中子。如果1eV＝1萬度（K），那麼100MeV＝10^8萬度（K），也就是說，此時

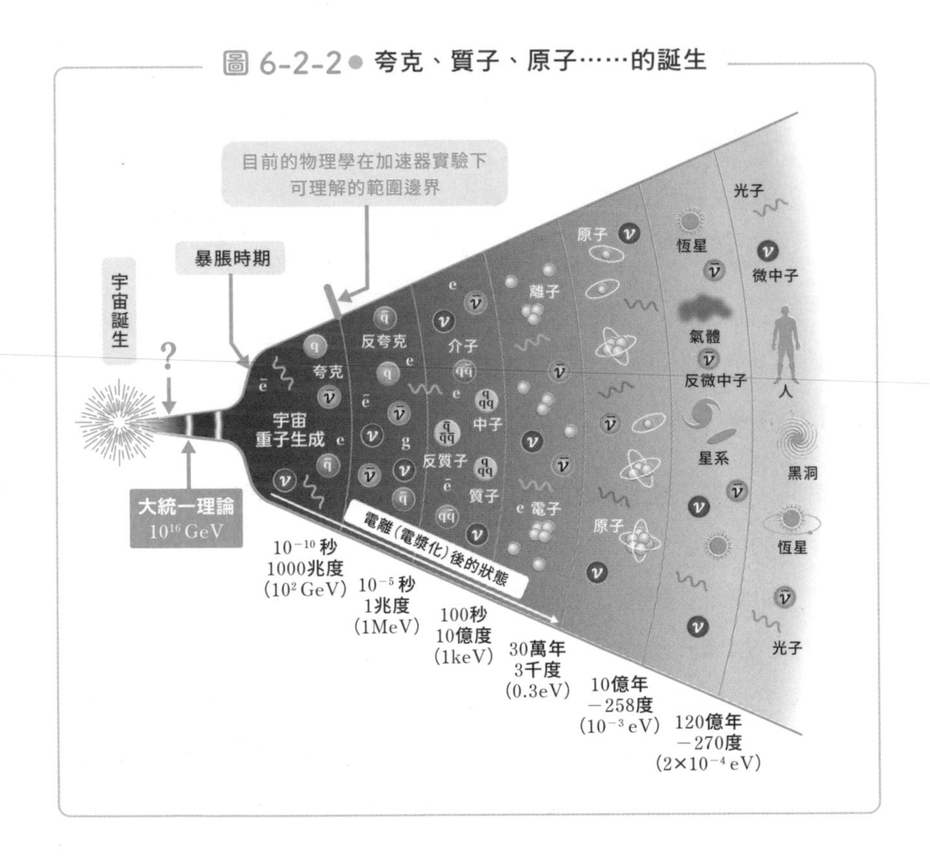

圖 6-2-2● 夸克、質子、原子……的誕生

的宇宙溫度約為數兆度（K）的超高溫時期。

就時間而言，質子與中子約在宇宙誕生後10^{-4}秒（約0.0001秒後）時誕生。依人類對時間的感覺，可以說宇宙誕生後，立刻就產生了質子與中子。

讓我們再往前回溯一些吧。質子與中子為「物質」。在基本粒子物理學的框架下，假設我們把它們稱為「正之物質（正粒子）」，那麼由反粒子構成的「**負之物質**」(*)（即反物質）也會存在。正粒子與反粒子相撞後，雙方同等數量的粒子會消滅，並產生很大的能量。這個過程就叫做**湮滅**（相對的，同時產生正粒子、反粒子的過程，叫做**成對產生**）。

這樣會產生一個問題。為什麼現在的宇宙中只有正物質，不存在反物質呢？科學家們把這叫做「**重子生成問題**」。重子指的是質子與中子。

要是無法回答這個問題，就無法說明為什麼這個宇宙中會殘留那麼多質子、中子。那麼，究竟是發生了什麼事，使得現在宇宙中的反粒子全都消失，只有正粒子殘留呢？

當我們想回答這個問題時，必須用各種理論描述那個超高溫、超高密度、超小、原子與基本粒子彼此四散亂飛的初期宇宙中，到底發生了什麼事，且各理論之間不會產生矛盾才行。

要說明整個宇宙時，得先通盤了解在宇宙還很小時，基本粒子有什麼樣的行為。相對的，如果知道宇宙初期的一切，就可以推估未來50億年、100億年以後的宇宙樣貌。

要說明神在宇宙誕生時，喊出「宇宙啊，誕生吧！」並揮下最初的「神之一擊」時，到底發生了什麼事，是一件相當困難的事，不過科學

（＊）負之物質

原本並沒有「正之物質（正粒子）」、「負之物質（反粒子）」之分。方便起見，這裡我們將目前留下來的粒子歸類為「正之物質（正粒子）」。

家們正努力解開這個謎。

物理學不只適用於地球，而是適用於全宇宙的科學。因此，只要了解產生「神之一擊」的初始條件，理論上應該就可以知道過去138億年的一切過程，這是我們物理學家的想法。因此，微觀的基本粒子研究，與宇宙研究有著密切關聯。

為什麼反粒子會從宇宙中消失？

── 正之重子、反之重子

正之物質、負之物質

宇宙誕生時曾經存在過的反粒子，為什麼後來消失了呢？這是基本粒子物理學領域中的重要主題。

質子、中子分別由3個夸克構成。

質子……2個上夸克、1個下夸克（合計3個）

中子……1個上夸克、2個下夸克（合計3個）

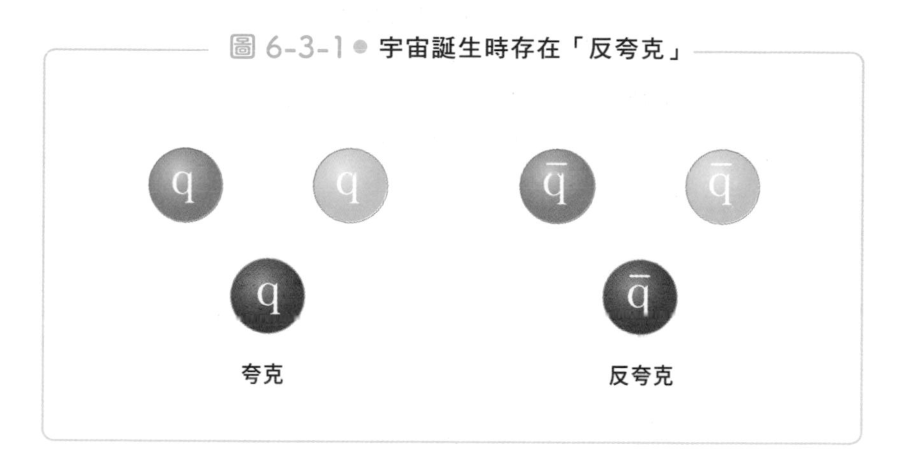

圖 6-3-1 ● 宇宙誕生時存在「反夸克」

科學家們認為，宇宙剛誕生時，除了質子與中子之外，還存在「反質子」、「反中子」等**反物質**，這些反質子、反中子則是由「**反夸克**」構成。

反質子……2個反上夸克、1個反下夸克（合計3個）

反中子……1個反上夸克、2個反下夸克（合計3個）

這裡的質子、中子是「**正之重子**」，由「正粒子（物質）」構成，就是我們熟悉的一般粒子（物質）。重子顧名思義，就是較重的粒子。

同樣的，反質子、反中子是「反重子」，由「反粒子（反物質）」構成。

●粒子與反粒子湮滅後，會產生很大的能量

這裡提到的**粒子與反粒子，它們的「質量、自旋大小相同，電荷相反（一正一負）」**。如果粒子與反粒子相遇，就會產生「湮滅」現象，互相消滅，兩者的質量會轉變成另一對高能粒子。不是單純的消失，而是會再誕生出新的高能粒子。更準確的說法是，會產生能與該粒子產生交互作用的粒子，譬如光子。

圖 6-3-2● 湮滅會產生龐大的能量

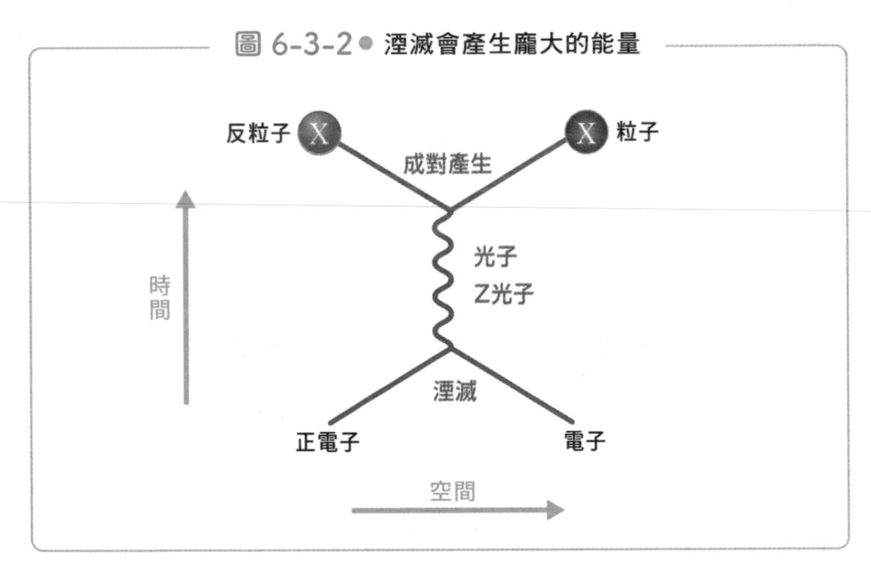

靜止的正粒子、反粒子相撞（湮滅）時，會產生多少能量呢？我們可以用著名的愛因斯坦方程式「$E=mc^2$」來計算。

這個公式顯示，質量（等號右邊）與能量（等號左邊）等價。現在假設有1個正粒子與1個反粒子，兩者質量皆為m，在湮滅後可產生相當於$2\times mc^2$的能量。

如果這對正粒子、反粒子不是質量m的靜止粒子，而是質量m的高速移動粒子的話，當粒子與反粒子對撞時，會產生更大的能量。

圖 6-3-3● 正粒子、反粒子湮滅所產生的能量

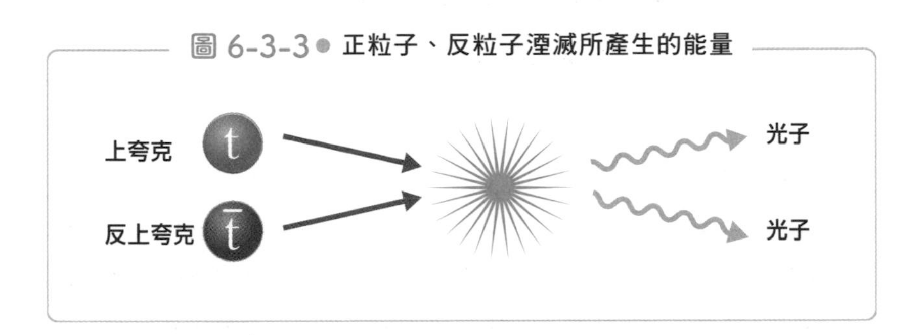

反過來想，如果產生的能量大於$2mc^2$，就有可能會同時生成另一種質量為M的正粒子與反粒子，這叫做「成對產生」。

圖 6-3-4● 正粒子、反粒子的成對產生

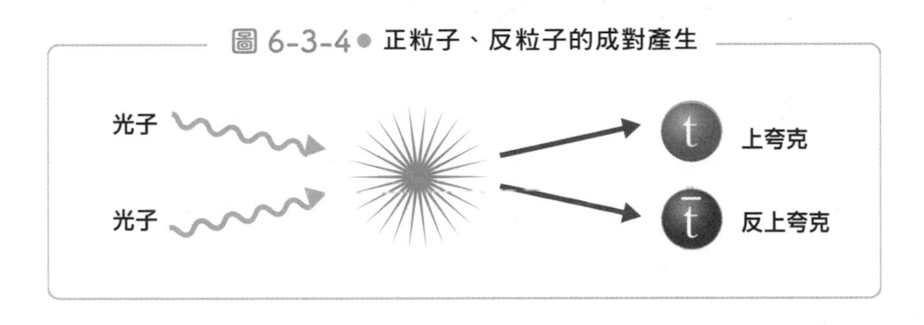

為什麼不存在反物質的世界？

——重子生成問題

讓我們繼續說下去吧。

我們自然而然地會認為，宇宙誕生之初，在粒子的成對產生下，正粒子與反粒子會有相同的數目。如果這些正粒子與反粒子雙雙對撞，那麼所有粒子都會湮滅，一個也不留。也就是說，正粒子數與反粒子數應該會完全相同才對。

若是如此，**僅由正粒子構成的星系、太陽、地球以及我們人類，會一直存續至今，實在是件不可思議的事**。也有人提出假說，認為宇宙中某個遙遠的地方，或許存在著僅由反物質構成的世界。

但事實並非如此。不管我們如何尋找，也無法在這個宇宙中找到由反物質構成的星體。原本科學家們猜想，應該可以看到我們所在的正物質世界，與反物質世界的交界面上，持續發生劇烈的湮滅與成對產生反應。但直到今日，也沒有找到這種現象。

該如何說明這種情況呢？當然，地球上的我們可以透過KEK的Belle實驗，或是以J－PARC的實驗為首的各種加速器實驗，以人工方式進行成對產生，生成反粒子，而生成量與理論值也一致。

但這仍無法解釋是什麼樣的機制，造成只有正的重子（質子、中子）會留下來，這個問題相當嚴重，被稱為是「**重子生成**」問題。

沙卡洛夫三條件

若要讓重子殘留下來，需滿足以下3個條件，也被稱為「**沙卡洛夫三條件**」。

第1個條件是，這個宇宙必須遵守「重子數破缺」這個物理定律。若非如此，宇宙便會一直處於淨重子數為零的狀態，無法產生多出來的正重子。

第2個條件是由小林誠（KEK）與益川敏英（名古屋大學）在描述標準理論的夸克時提出的「**CP對稱性破缺**」。過去的基本粒子論中有個前提，那就是在C與P轉換後，適用的物理學仍不會改變，這叫做「CP對稱性」。而CP對稱性破缺，就表示「不遵守CP對稱性」。這裡提到的C的對稱性與P的對稱性意義如下。

C　：正負**電荷**（Charge）轉換的反應

P　：**宇稱**（Parity）轉換的反應

宇稱轉換就像是轉換為映照在鏡面上的鏡像。譬如三維座標就是

X（a , b , c）　→　X'（－a, －b, －c）

兩點以原點為參考點，互為鏡像關係，正負號全部反轉。

除了CP轉換的對稱性之外，還存在所謂的「T（時間）反轉對稱性」，意思是時間（Time）反轉後，仍不會改變的對稱性。只要把時鐘指針撥回原位，就能恢復原狀。

乍聽之下，這似乎是理所當然的事，但在基本粒子的世界中，有時並非如此。3種轉換的對稱可合稱為「**CPT轉換的對稱性**」，這在物理學中是基本定律。聽起來雖說有些複雜，總之，與相對論有關的勞倫茲對稱，保證這種對稱性成立。

如前所述，依照小林－益川理論的描述，考慮標準理論的粒子時，

夸克CP轉換有對稱性破缺，這意味著以CPT轉換變回原樣時，反轉時間T的對稱性會被打破。對照日常生活碰到的狀況實在有些難以想像。

在存在CP對稱性破缺的情況下，即使用某種方法讓時間倒回，也無法恢復原狀。這真的相當不可思議。

當時，已有人透過基本粒子的相關實驗，找到夸克CP對稱性破缺的證據。即使如此，當初提出這個理論的小林先生與益川先生仍是勇氣可嘉。他們在許多同業科學家的批判下，無所畏懼地發表自己深信的理論，值得我們效仿。

第3個條件是「**偏離熱平衡**」，這點與「T的破缺相當類似」。若達成熱平衡，那麼當狀態改變時，物質會傾向恢復到原本的狀態。簡單來說，在熱平衡狀態下，當A轉變成B時，B會傾向再變回A，無論是什麼狀態都會恢復原狀。這種重複創造出新的狀態、再恢復原本狀態的過程，被稱為**熱平衡**。要是沒有偏離熱平衡狀態，那麼正、反重子被製造出來後，會因為熱平衡條件，使重子數再度歸零。也就是說，熱平衡狀態必須被打破才行。

以上3個條件，就是「沙卡洛夫三條件」。

圖 6-4-1 ● 重子生成與沙卡洛夫三條件

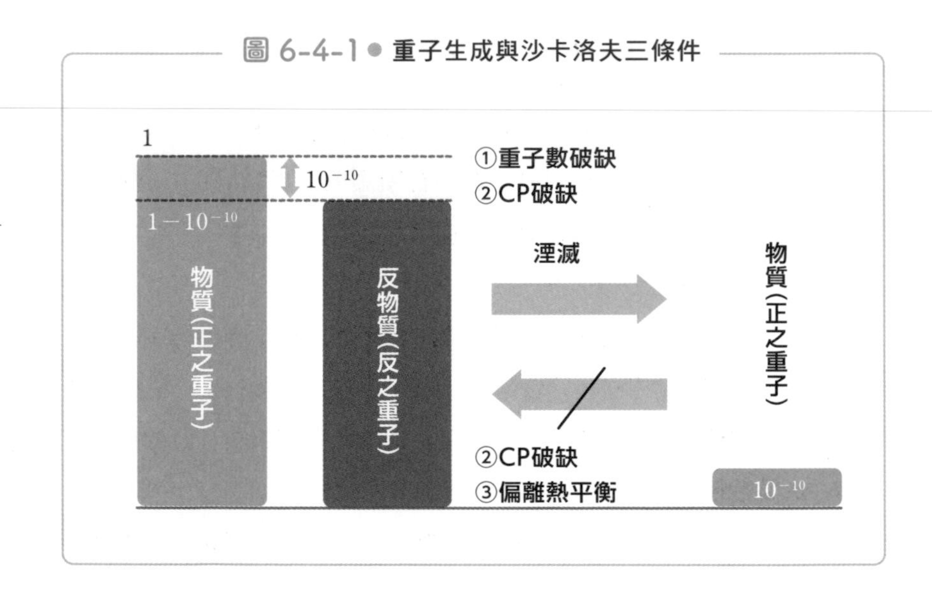

● 每10億個才差1個

如圖6－4－1所示，和宇宙初期階段的正、反粒子數目相比，目前留下來的正粒子數非常少。這表示大部分的粒子都消失了。

我們認為正反粒子數的差距非常小。在宇宙初期，正粒子（物質）、反粒子（反物質）會迅速形成、迅速消滅，並一直重複這樣的行為。不過，在這個過程中，極少數的粒子會打破平衡，使2種粒子的數量不會完全相同。宇宙剛誕生時，就產生了這些正粒子的種子。這就是前面提到的重子生成與CP對稱性破缺。

那麼，2種粒子的數量究竟差多少呢？簡單來說，每10億個正、反粒子，才會有1個粒子的差異。在正粒子與反粒子反覆進行成對產生、湮滅的過程中，**每產生10億個粒子，只會有1個粒子留下來**。更精確的說，與湮滅後產生的光子數目相比，成為粒子的數目只有10億分之1左右。小林－益川理論就指出了這種CP對稱性破缺的可能性。

小林先生與我任職的KEK（高能加速器研究機構）中，有個名為**B介子工廠**（*）的實驗設施，他們以實驗驗證了與底夸克有關的CP對稱性破缺。現在B介子工廠也在持續升級，於SuperKEKB計畫中，性能提高了約40倍，且目前正在運作中。

（＊）B介子工廠
KEK（高能加速器研究機構）於1998年末完成的大型對撞型圓形加速器（1圈3000m以上）。驗證小林－益川理論中提到的CP對稱性破缺，是B介子工廠的主要目的之一。

6-5

為何會說目前已不存在的反粒子「過去曾存在」

—— 未知的CP對稱性破缺

前一節中我們提到，理論上，重子生成時「正反粒子數差距極小」。兩者的數量確實相差很些微。不過，若依照目前對初期宇宙形成機制的了解，要形成我們所觀測到的正之重子數，所需要的CP對稱性破缺程度，遠比小林－益川理論所預言的還要大。換言之，小林－益川理論所預言的CP對稱性破缺太小，如果想要說明重子生成，需要更大的CP對稱性破缺才行。

這點連許多學者都會誤解，所以我想再仔細說明一次。KEKB（KEK擁有的巨大加速器）成功驗證出了標準理論框架下，小林－益川理論所預言的CP對稱性破缺。不過，這個數值過小，若要完善基本粒子模型，需要一個超越標準理論的新理論才行。也就是說，必須要用另一個截然不同的論點，說明CP對稱性破缺的來源。這個「重子生成問題」，是相當棘手的未解決問題。

而基本粒子的新理論包括有超對稱性理論、超重力理論（超對稱重力理論）、超弦理論等等。並且於這些理論當中加入了更大的CP對稱性破缺，以及重子生成破缺的可能，因此能夠說明於宇宙初期，在某些相同或相異的機制下產生了非對稱性，造成有10億分之1的重子殘留了下來。

宇宙初期的光子與粒子數目相同

即使宇宙初期有這些微的差異，大部分還是處於對稱狀態。宇宙初期的高溫電漿中，粒子與反粒子會反覆且劇烈地成對產生與湮滅，達到熱平衡。

不過，經過一段時間之後，對稱的部分幾乎都會因湮滅而消失。隨著宇宙的膨脹，宇宙溫度也逐漸下降。溫度下降就代表能量下降，提高了成對產生正粒子、反粒子的難度。於是**湮滅成了主要活動，只留下正反粒子的差額**。

最後，只有10億分之1的粒子殘留至今。這些粒子構成了質子與中子，形成我們的身體與星系。

在宇宙初期，已知的各種粒子（以及它們的反粒子）的數目，與光子數目大致相同。不過，當正之重子數減少到原本的10億分之1後，光子數就變成了重子數的10億倍，四處飄蕩在我們的宇宙中。

為何能說現已不存在的反粒子「曾經存在」

到了現在，反物質的數目遠比正之物質還要少，只有極微量的反物質存在於宇宙射線中。那有什麼根據可以說明過去正反物質曾經「數目相當」呢？想必不少人抱持著這樣的疑問。

理論方面，狄拉克(*)預言了「電子的反粒子（正電子）」的存在，並在後來的實驗中獲得驗證。反粒子的質量、自旋與正粒子相同，不過電荷與正粒子正負相反。

狄拉克提出的狄拉克方程式（1928年），可描述電子在滿足相對論條件下，量子力學中的行為。而在該方程式中，出現了**負能量的本徵值**，所以狄拉克於1931年，預測了「擁有正能量的反粒子（正電子）」的存在。狄拉克稱其為「反電子」(**)。

狄拉克方程式

$$i\gamma^{\mu}\partial_{\mu}\psi(x)-m\psi(x)=0$$

負能量的本徵值是這個方程式的一個解。
當然，同時也可以得到正能量本徵值的解。
i為虛數單位
γ_{μ}為γ矩陣（狄拉克矩陣）
ψ為自旋場（狄拉克場）
m為ψ的質量
微分∂_{μ}為$\partial_{\mu}=\dfrac{\partial}{\partial x^{\mu}}=\left(\dfrac{\partial}{\partial t},\nabla\right)$

隔年的1932年，美國物理學家安德森（Carl Anderson）用雲室觀測宇宙射線，發現宇宙射線撞擊到物質時，會跑出幾種粒子，並留下飛行軌跡。他觀測到了某種帶有正電荷的粒子，一開始以為是質子，但如果是質子的話，應該會留下較大的飛行軌跡才對。

後來安德森詳細研究了這種粒子，了解到它是「帶有正電荷，且質量與電子幾乎相同的粒子」，於是將其命名為「**正電子**」。英語中的質子為proton，正電子為position，名稱完全不同。反質子英文為anti-proton，但正電子（電子的反粒子）的英文並沒有加上”**anti**-“，不是”**anti**-electron“，而是直接稱其為position，可以說是對電子的特殊對待。

以上就是反粒子的預言與其發現的經過。

（＊）**狄拉克（Paul Dirac）**
英國的物理學家（1902～1984）。1933年時，與薛丁格一同獲得了諾貝爾物理學獎。因為他討厭出名，原本打算拒絕領獎，不過拉塞福說「要是你拒絕領獎的話，反而會比得獎者更有名」，他才打消了拒絕領獎的念頭，是個相當有趣的故事。

（＊＊）**反電子**
因為是「電子的反粒子」，所以狄拉克將其命名為「反電子（antielectron）」，聽起來很好理解。不過安德森發現反電子時，將其命名為「正電子（positron）」。安德森一開始誤以為它是質子（proton），後來取「帶有正電荷（posi-）的電子（-tron）」之意，命名為正電子，寫成英文時容易與質子混淆。

量子論與狹義相對論的組合

——狄拉克之海

現在的我們知道，連夸克都有它的反粒子。以質子為例。質子由上夸克、上夸克、下夸克等3個夸克構成。

圖 6-6-1● 質子由上夸克、上夸克、下夸克等構成

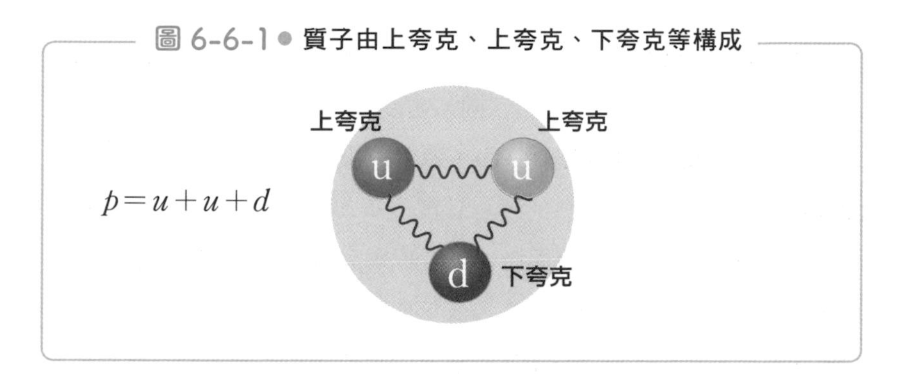

$$p=u+u+d$$

相對的，質子的反粒子「反質子」則是由2個反上夸克與1個反下夸克組成，可表現成下面的式子。

$$\bar{p}=\bar{u}+\bar{u}+\bar{d}$$

●「量子論＋狹義相對論」之組合的必要

薛丁格方程式是微觀物理下的非相對論性量子論方程式，當狄拉克想將其推廣到相對論性量子論時，必然會產生正電子（反電子）的概念。另一方面，巨觀物理中，非相對論性馬克士威電磁學方程式，也可

以改寫成相對論性的形式。

這裡說的**馬克士威方程式**，指的是以英國法拉第（Michael Faraday，1791～1867）的電磁場理論為基礎，1864年時由英國馬克士威（James Clerk Maxwell，1831～1879）推導出來的方程組，可說明電磁場的行為，如下所示。

$$
\begin{cases}
\nabla \cdot B(t, x) & = 0 \\
\nabla \times E(t, x) + \dfrac{\partial B(t, x)}{\partial t} & = 0 \\
\nabla \cdot D(t, x) & = \rho(t, x) \\
\nabla \times E(t, x) - \dfrac{\partial D(t, x)}{\partial t} & = j(t, x)
\end{cases}
$$

這是描述光與電子間之古典運動的方程式。相對論發表於1905年，所以這個1864年提出的方程組，並沒有將相對論考量進去。

對於一般電路（電子回路）內，速度遠小於光速的電子而言，馬克士威方程組成立。讓人意外的是，其實很多人不知道，一般電路內的電子速度其實相當慢（*），而馬克士威方程組可以正確描述這種走很慢的電子的行為。不過，在愛因斯坦發表狹義相對論後，科學家們發現兩者無法融合，於是狄拉克將薛丁格方程式改寫成符合相對論條件的樣子，並修正上述的馬克士威方程組。也就是說，狄拉克重新建構了一個不僅適用於速度遠比光速慢的電子，也適用於接近光速之高能電子的通用方程式。

能量較高，會提高小尺度下的效應。所以除了相對論之外，也要同時考慮描述微觀尺度現象的量子論才行。也就是說，**必須將「量子論＋狹義相對論」組合起來才行**。

（＊）電路中的電子速度很慢
或許有不少人認為「電子速度接近光速」，但實際的電路中並非如此。舉例來說，假設在直徑1mm的電線中通以1A的電流，那麼電子在1秒內只會移動0.1mm。

經過一番努力後，狄拉克導出「2個光子相撞後，會產生電子與正電子（電子的反粒子）」的奇怪結論。

一開始，連狄拉克自己都在想「是不是哪裡弄錯了呢？」，不過，如同我們前面提到的，安德森後來發現了正電子，證實了狄拉克的理論。

馬克士威方程組只能描述低能量的狀況，無法描述在足以創造出電子、正電子之高能量環境下時會有什麼行為，所以需要引入專門描述高能情況的相對論性量子論才行，並進一步衍生出了反粒子的預言（假說）。

狄拉克方程式中，隱含著「真空的祕密」！

若試著解釋狄拉克方程式的解，會得到一個不可思議的結果。那就是，原先我們以為「真空中什麼都沒有」，但事實上，電子與正電子（電子的反粒子）會反覆在真空中湮滅又成對產生，是一個動態世界。**真空看似一片虛無，但其實一直有新的粒子持續誕生**，而且頻率相當高。

這被稱為「**狄拉克之海**」。空間中看似什麼都沒有，但那只是平均而言什麼都沒有而已，其實湮滅與成對產生一直在劇烈發生中——這就是狄拉克方程式中隱含的祕密。

誰賦予了微中子質量？

——柳田的翹翹板機制

●柳田的翹翹板機制是什麼？

本節要介紹的是討論微中子質量來源時，相當重要的「**柳田翹翹板機制**」。

基本粒子的標準理論中，以「微中子沒有質量」為前提。不過，當微中子有質量時，會有振盪現象。因此，梶田博士等人透過超級神岡探測器，確認到微中子振盪時，也就等同於確認了「微中子有質量」。

於是問題就變成——無法以標準理論說明的微中子能量，究竟從何而來。前面我們曾經提過，電子可以分成左旋、右旋2種自旋；另外，希格斯玻色子可賦予粒子質量。

我們也提到，質子與中子的大部分質量與希格斯場無關。也就是說，希格斯場不足以說明全部的質量。

微中子的質量（相較於電子輕非常多）很可能與希格斯玻色子無關。目前我們只發現了左旋的微中子。若未確認到右旋的微中子，我們便無從得知形成微中子質量的詳細機制。

因此，**若要說明微中子質量的起源，就必須提出另一套迥異於希格斯機制的質量形成機制**。柳田勉先生提出的「**翹翹板機制**」就是其中之一。

翹翹板機制不在標準理論的框架下。一言以蔽之，就是**「只要假設**

右旋的微中子很重，就能解決問題了」的概念。

圖 6-7-1 ● 柳田翹翹板機制

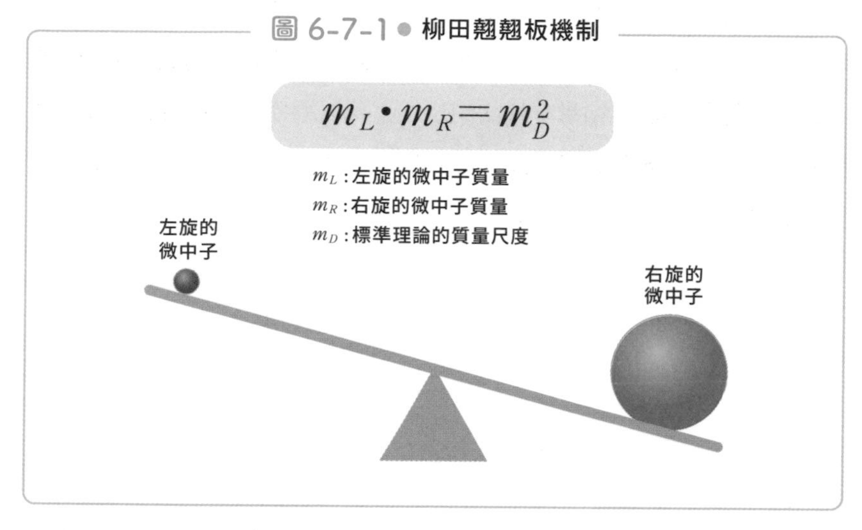

翹翹板機制的概念

柳田先生的想法如下。

「初期宇宙中，曾存在右旋、但非常重的微中子。但因為現在宇宙的能量降得很低，所以這種微中子無法繼續存在。換言之，**右旋的微中子質量太重，無法存在於現在這個低能量宇宙中。所以我們無法發現它們。**」

標準理論是以左旋的微中子為前提建構而成的，所以這可以視為從標準理論延伸的新理論。

基本粒子的世界中有不少這樣的例子。譬如目前的宇宙也不存在希格斯玻色子。希格斯玻色子的質量過大（126GeV），壽命過短而不穩定，故已經從宇宙中消失。基本粒子中的Z玻色子、W玻色子也一樣。**較重粒子都有著短命傾向**。因此，如果右旋的微中子非常重、壽命非常短，那麼它或許能存在於理論中，卻無法在我們眼前現身。在宇宙剛誕生的時候，或許它們曾經存在。

包括進行中的加速器實驗在內的各種基本粒子實驗，能量都不足以製造出這種質量很大的右旋微中子，所以我們無法驗證這種粒子是否存在。未來的實驗裝置大概也很難達到那麼大的能量。

不過，如果引入這種右旋的微中子，或許就能夠說明微中子的質量來源了。這其實是個相當有趣的想法。而且，即使它們不存在於現在這個低溫宇宙中，卻會將質量賦予給較輕、左旋的微中子，間接影響到我們的物理學。

以數學式說明賦予「質量」的機制

── 翹翹板機制的優先性

前面我們用言語描述了質量是什麼，以下就透過數學式來看看這是怎麼回事吧。因為說明的是同一件事，所以如果不喜歡看到數學式的人，可以跳過這節，直接進入下一節的內容。如果你「想知道是使用哪些數學式」的話，歡迎參考本節內容。

回顧一下，前面的介紹可整理成以下兩點。

● **電子的質量**──希格斯玻色子與自旋為左旋或右旋的費米子結合時，會賦予它們質量。電子擁有左旋、右旋的螺旋度（參考第85頁）。當希格斯場的數值不是零時，可使其產生非零質量。

● **微中子的質量**──目前我們只有發現左旋的微中子。因此，電子的希格斯機制無法說明微中子的質量。

同時擁有左旋、右旋2種螺旋度的粒子，稱為**狄拉克粒子**。

另一方面，如果費米子只有左旋或右旋的形式擁有質量，則稱為**馬約拉那粒子**。目前我們還沒有發現馬約拉那粒子的存在。在凝聚體物理領域中，拓樸絕緣體（表面與端點存在馬約拉那粒子的超導體）上，可透過共存的電子與電洞實現馬約拉那粒子。目前許多領域的學者們，都以發現馬約拉那粒子為目標。

馬約拉那微中子具有特別的性質。馬約拉那微中子的反粒子，與自己本身是同一種微中子，所以馬約拉那微中子打破了輕子數守恆定律。

首先，請將焦點放在狄拉克粒子上。希格斯玻色子賦予「電子」質量的數學式可表示如下。基本粒子理論中，稱其為「**質量項**」。設右旋的電子為（$\bar{e}_R$），左旋的電子為（$\bar{e}_L$），那麼電子的質量項可寫成

$$m_e \bar{e}_R e_L$$ （字母上有橫線者，可視為反粒子）

表示電子「有質量」。可以用希格斯場（H）與湯川耦合常數（y_e），將質量項改寫如下

$$m_e \bar{e}_R e_L = y_e H \bar{e}_R e_L$$

當這裡的希格斯場H的數值不是表示原點的$H=0$，而是$H=v$時，電子的質量為

$$y_e \times \nu = 0.511\mathrm{MeV}$$

也就是說，希格斯場賦予電子$y_e \times H$的質量。設這裡的$\nu = 246\mathrm{GeV}$，y_e約為$2.078 \times 10^{-6} = 1/481000$，便可實現0.511MeV的質量。$y_e$是電子的湯川耦合常數，由實驗求得。這就是**希格斯機制**。

翹翹板機制的意義

不過，標準理論並不含右旋的微中子，所以無法套用上述機制。

而柳田勉提出的模型中，假設馬約拉那微中子存在，並帶有相當大的馬約拉那質量（M_R＝右旋的微中子質量），也就是擁有自身質量項的馬約拉那粒子。以ν_R表示右旋的微中子，如下。

$$M_R \bar{\nu}_R \nu_R$$

一般認為，馬約拉那質量（M_R）為GUT尺度的10^{16}GeV，因為太

重而無法被發現。在現在這個能量那麼低的宇宙中，不存在那麼重的粒子。

這裡我們將希格斯質量的大小，代入狄拉克質量項，得到下式。下式的前半為馬約拉那質量項，後半為**狄拉克質量項**。（m_D：標準理論的質量尺度）

$$M_R \bar{\nu}_R \nu_R + m_D \bar{\nu}_R \nu_L$$

這裡的馬約拉那質量項與狄拉克質量項，並非基本粒子標準理論的假設。所以接下來要處理這2個部分。我們可以把它寫成矩陣的形式如下，展開後可以變回上方的質量項。

$$(\bar{\nu}_L, \bar{\nu}_R)\begin{pmatrix} 0 & m_D \\ m_D & M_R \end{pmatrix}\begin{pmatrix} \nu_L \\ \nu_R \end{pmatrix}$$

接著要做的是高中數學教的「對角化」操作。將中間的2列2行矩陣對角化後，可近似以下矩陣。

$$\begin{pmatrix} m_L & 0 \\ 0 & M_R \end{pmatrix}$$

這表示質量項可以寫成

$$m_L \bar{\nu}_L \nu_L + M_R \bar{\nu}_R \nu_R$$

這2項意味著一件事。我們可以把 m_L 改寫如下。

$$m_L = \frac{{m_D}^2}{M_R}$$

分母的M為GUT尺度，是超對稱統一理論的尺度，約為10^{16}GeV。

分子的m_D是大約等於電弱尺度或者比它大一些的希格斯質量，約為$1\text{TeV} = 10^3\text{GeV} = 10^6\text{MeV}$。經以下計算

$$m_L = \frac{m_D^2}{M} = \frac{(1\text{TeV})^2}{10^{16}\text{GeV}} = \frac{10^3\text{GeV} \times 10^{12}\text{eV}}{10^{16}\text{GeV}} = 0.1\text{eV}$$

可以得到左旋的微中子質量約為0.1eV（*）左右。將電子的質量換算成eV後，約為0.511MeV。與電子的質量相比，微中子的質量約為其500萬分之1。簡單來說，在這個理論模型中，透過引入比希格斯玻色子的質量重100兆倍的右旋微中子，使相當輕的左旋微中子質量達到0.1eV。

要注意的是，如果右旋微中子變得更重，那麼左旋微中子就會變得更輕，就像翹翹板一樣。所以稱其為**翹翹板機制**。

翹翹板機制**認為「較重的微中子或許曾存在於過去的宇宙中，但現在的宇宙已不存在」**。但只看現在的宇宙，並無法肯定或否定這點。

要了解這個推測的可能性，必須在加速器實驗中，以人工方式達到相當於過去宇宙溫度的能量。譬如KEK（高能加速器研究機構：筑波）的Belle實驗中，讓約10GeV的電子與正電子對撞，最大可產生10GeV的粒子。歐洲CERN（歐洲核子研究組織）的世界最大加速器，曾讓能量在1TeV到10TeV左右的質子對撞，人工製造出希格斯玻色子（質量126GeV）。

但即使如此，右旋微中子質量的數量級遠超過希格斯玻色子的100GeV，需要10^{16}GeV的能量才能製造出來，是希格斯玻色子的10^{14}倍，也就是100兆倍。

地球上無法製造出能達成這個條件的加速器。也就是表示，我們很難直接製造出這種粒子，並證實其存在。

不過，做為一個超越標準理論（溫伯格–薩拉姆理論）的基本粒子論框架，翹翹板機制需要的假設很少，對許多理論研究者而言，是相當

有魅力的理論。

就像前面提到的，若要用希格斯機制說明微中子的質量，需將希格斯場的數值$H= v = 246\text{GeV}$乘上**湯川耦合常數**$y_{\nu e}$（賦予粒子質量的結合力），所以湯川耦合常數必須調整成非常小的數值。具體來說，這個數會是1兆分之1的10兆分之1，這實在相當不自然。

另一方面，如果是翹翹板機制，如同我們前面提到的，會用到2個尺度的質量，也就是質量為大統一理論尺度的10^{16}GeV的較重右旋微中子，以及狄拉克質量1TeV，這樣就能說明微中子質量了。這個理論比較不需要誇張的調整，相對比較合理而有魅力。

（＊）微中子的質量是0.1eV嗎？

目前我們還不知道微中子質量的絕對值。不過，透過微中子振盪實驗，可以知道不同微中子之間的能量差，並由此推論出電微中子、緲微中子、陶微中子等3種左旋微中子的質量總和大於0.06eV。另一方面，透過宇宙CMB的觀測與大規模結構的觀測，可推論這個數字的上限值小於0.3eV。由此可知，最重的微中子的質量下限約為0.06eV，若四捨五入到小數點以下第2位可以得到0.1eV的估計質量，與翹翹板機制的預言結果幾乎一致。

「反粒子消失之謎」的新解釋

── 考慮輕子生成

翹翹板機制使用較重的右旋微中子，說明微中子的質量起源。這很自然地會讓人聯想到「**輕子生成**」。這是福來正孝與柳田勉提出的模型。簡單來說，這個模型就是在說明宇宙生成重子的必要條件──**「重子數破缺與CP對稱性破缺」從何而來**。

第6章第4節中，我們曾提過夸克的CP對稱性破缺。小林與益川在理論上預言了這件事，後來由KEK（高能加速器研究機構）與美國的SLAC（史丹佛直線加速器中心）證實，不過這畢竟只是夸克的CP對稱性破缺。科學家們認為，這「或許也能套用在微中子等輕子上」。

微中子的**CP對稱性破缺**（*），指的是微中子與反微中子擁有不同性質。

柳田先生的翹翹板機制假設，宇宙初期曾存在較重的右旋馬約拉那粒子，現在則已消失殆盡。目前的基本粒子宇宙論中，常出現這種在宇宙初期扮演著重要角色的未知粒子。

這種「由僅存在於宇宙初期的粒子掌握關鍵」的概念，也是許多重子生成理論的基礎。

（＊）CP對稱性破缺、CP不守恒

「CP對稱性破缺」指的是基本粒子不遵守物理學大前提「CP對稱性」的現象。C指的是正反粒子對調、P為宇稱變換，兩者合在一起則表示空間座標符號（正負號）的變換。另一個意義相似的詞是「CP不守恒」，本書中將兩者視為同義語。

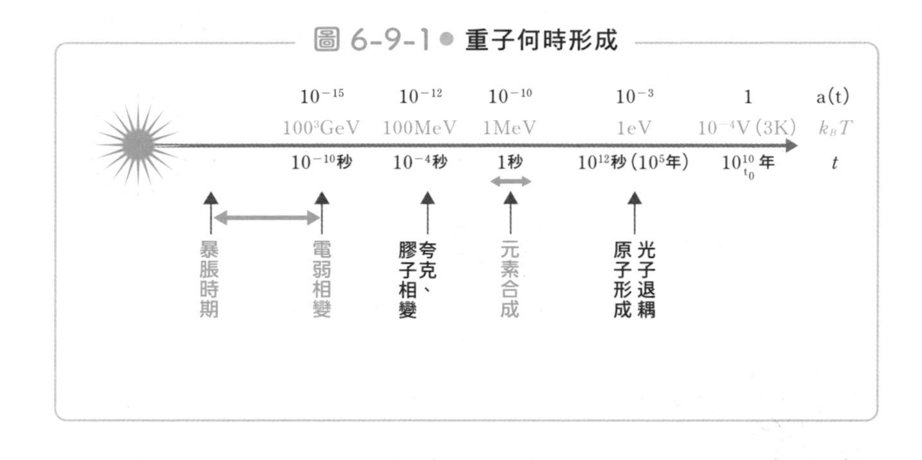

圖 6-9-1 ● 重子何時形成

輕子的CP非對稱是根本原因嗎？

標準理論的範圍內，輕子（電子、微中子等）的非對稱性可經由某些過程，轉換成重子（質子、中子）的非對稱性。這是電弱交互作用的一種，稱為 **Sphaleron 效應**。

在目前這個低能量宇宙中不會發生這種效應；不過在希格斯玻色子可存在，溫度在100GeV以上的宇宙初期，就會出現這種效應。較重的右旋馬約拉那粒子在衰變後，會生成正之輕子。如此一來，宇宙初期便能生成最初的輕子，並透過Sphaleron效應生成重子，形成現在這個重子數不對稱的宇宙。

相對於「重子生成」，這個過程稱為「**輕子生成**」。輕子生成是個用來說明重子非對稱性之起源的模型。在希格斯玻色子仍存在的電弱相變時期（溫度為100GeV）以前，會持續發生「輕子轉換成重子」的過程。模型指出，這就是正之粒子殘留至今的原因。

在這個福來一柳田的輕子生成模型中，假設柳田先生的翹翹板機制為真，右旋馬約拉那微中子存在，便能自然而然地得到後面的推論。

依照定義，馬約拉那粒子自己就是自己的反粒子，所以能打破輕子數守恆。這種較重的馬約拉那粒子，應會表現出CP對稱性破缺。若是如此，便能說明重子的生成。由此可見，右旋微中子是個相當重要的研究主題。

圖 6-9-2● 強子、輕子的分類

強子	重子	核子、Δ粒子、Λ粒子、Σ粒子、Ξ粒子 等等
	介子	π介子、K介子、η介子、ρ介子、ω介子 等等
輕子	帶電輕子	電子、緲子、陶子
	微中子	電微中子、緲微中子、陶微中子

重子是由3個夸克構成的粒子、譬如質子與中子。介子由1個夸克與1個反夸克構成、譬如π介子。重子與介子合稱強子。

微中子上可能保留著CP破缺的痕跡

—— 統一理論的候選者

若我們想將「較重的右旋馬約拉那微中子」納入大統一理論的框架下，那麼用以表示該統一理論的候選群，理論上會被篩選掉一些。

篩選之後剩下來的理論中，最有魅力的理論是基於SO(10)特殊正交群對稱建構而成，名為**SO(10) GUT**的統一理論。舉例來說，SO(10)這個高對稱性的群可寫成10列×10行的矩陣。隨著宇宙的膨脹，能量會跟著下降，對稱性遭破壞，便會轉變成對稱性較低的群。括弧裡的數字n表示群的某種特徵，譬如n列×n行。

目前這個低能量宇宙中的物理定律，可以用標準理論的群——特殊么正矩陣（SU）與么正矩陣（U）——寫成SU(3)×SU(2)×U(1)等3個群的相乘來描述。有趣的是，在降維成這個複雜的群以前，多數會產生名為**宇宙弦（cosmic string）**的拓樸缺陷。

● 相變是什麼？

相變指的是從高能量狀態轉變至低能量狀態的過程。譬如，水變成冰、水蒸氣凝結成水時，會轉變成截然不同樣貌的過程。相變的時候，會有少部分區域仍停留在高能量狀態，這些區域稱為**拓樸缺陷**。以前面提到的水為例，水凍成冰之後，冰中仍有一些空氣構成的小洞。這些小洞就類似相變時產生的拓樸缺陷。

當然，水實際上在凝固成為冰時，並不會產生拓樸缺陷。不過宇宙

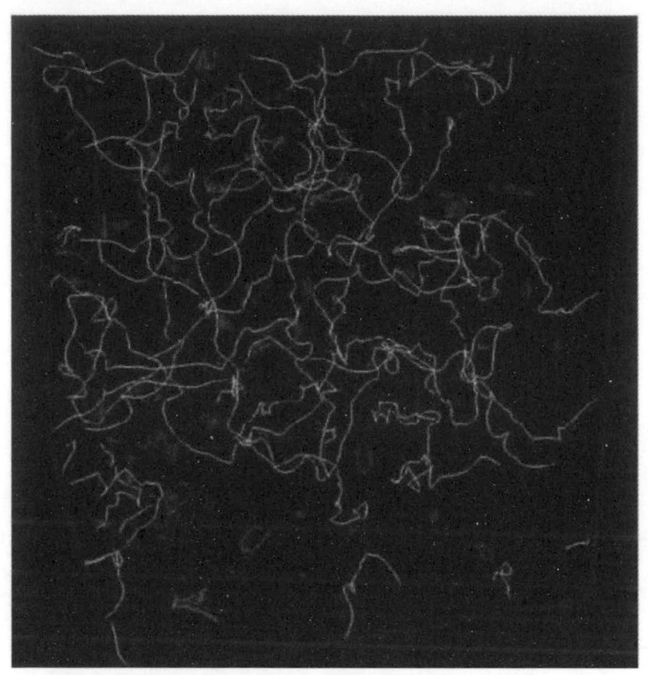

圖6-10-1 宇宙初期的相變所產生的一種拓樸缺陷——宇宙弦
它們會相撞、重組、變成環狀後收縮消失。而且，它們殘留至現今宇宙的可能性並不是零。
出處：cambridge cosmology group

相變時，理論上應該會有某些區域沒有跟上，仍然停留在能量較高的狀態。

從SO(10)降維至SU(3)×SU(2)×U(1)的途中，應該會產生這種「仍處於高能狀態」的拓樸缺陷，以「弦」的樣子存在。若能透過某些方法，驗證這些宇宙弦的存在，就能間接驗證GUT，以及GUT的重要構成要素——較重的右旋馬約拉那微中子的存在。

如此一來，還能同時驗證微中子質量來源的翹翹板機制、輕子生成機制。本書之後的章節中，還會介紹與此有關的最新消息——「我們可能找到了宇宙弦消失時所產生的重力波」。

● KEK已相當接近答案

2020年4月15日的實驗中，東海村（日本茨城縣）的J−PARC加速器發射微中子束，打向295km外的神岡町（日本岐阜縣飛驒市）的超級神岡探測器，進行捕捉微中子的實驗，也就是T2K（東海村（Tokai−mura）～神岡（Kamioka））實驗。實驗結果顯示，若限制信心水準為99.7%（3 σ）以上，便可以說微中子存在CP破缺。在基本粒子實驗中，信心水準至少要5 σ（99.999426%）以上，才能說是「發現」，所以3 σ 只能說是「有限」的信心水準。測得的CP相位角為 δ CP≒−108°。

位於KEK東海園區的大強度質子加速器設施J−PARC，可將緲微中子與反緲微中子打向位於岐阜縣神岡市的超級神岡探測器，研究團隊再測定緲微中子轉換成電微中子的振盪情況。

研究團隊觀察到了90個電微中子，卻只有觀察到15個反電微中子。這表示微中子的CP對稱性有破缺，CP相位角為−108°，在99.7%

圖 6-10-2● CP 相位角

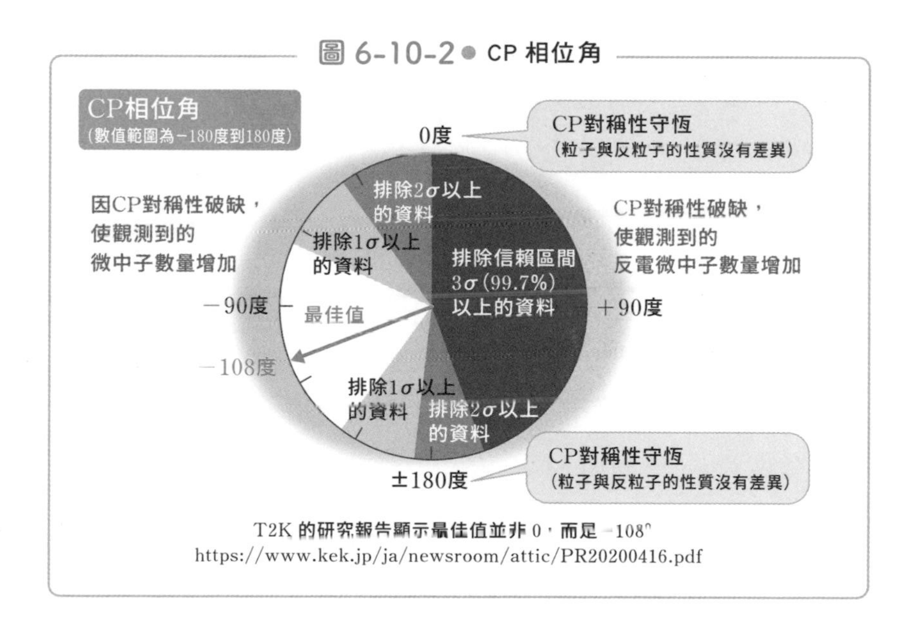

T2K 的研究報告顯示最佳值並非 0，而是 −108°
https://www.kek.jp/ja/newsroom/attic/PR20200416.pdf

的信心水準下異於0。

未來，研究團隊可望能得到精度足以稱為「發現」（5 σ等級）的實驗結果。若真是如此，真正造成輕子生成的**CP破缺，或許也在標準理論的左旋微中子上殘留了某些痕跡**。微中子的CP破缺，或許能補充說明輕子生成過程。

再次提問，微中子會是暗物質嗎？

—— 新的發現與否定

●終於發現了右旋微中子？

接著，讓我們再度回來談談「微中子會是暗物質嗎？」這個大問題。

事實上，2014年時冒出了一個大新聞。某研究團隊發現了可能是右旋微中子（惰性微中子）（＊）的衰變情況，這代表微中子很可能是暗物質。

NASA錢卓拉衛星與歐洲太空總署（ESA）XMM牛頓衛星，觀測到了與已知物質之光譜亮線不同的訊號，提出這可能是某種「未發現粒子」。所謂的光譜亮線，指的是原子躍遷時輻射出來的光譜，頻寬相當細，光譜呈線狀，也叫做線狀輻射或線狀光譜。

研究團隊提出「這會不會是暗物質衰變時輻射出來的亮線呢？」這樣的解釋。不過目前的研究結果幾乎否定了這點。觀測來自英仙座星系團的X射線光譜，可以看到3.5keV的亮線，這是一切的開端。線狀光譜幾乎都由該能量的X射線構成，有人指出，這些光譜無法以過去的原子躍遷理論來說明。

認為這些X射線來自暗物質的學者提出，這可能是7keV左右的右

（＊）惰性微中子（sterile neutrino）
通常是指「右旋微中子」。目前還不曉得有幾種。相對於能參與弱交互作用的左旋微中子，有假說認為惰性微中子不參與弱交互作用。

旋微中子衰變成較輕的左旋微中子，並釋放出3.5keV的X射線。左旋微中子的質量上限小於0.3eV，與觀測到的能量3.5keV相比，輕到可以無視。

當時的人們還不曉得鉀的原子躍遷會釋放出3.5keV的光譜。在知道這件事之後，這個3.5keV的光譜就不必然是暗物質產生。在沒有決定性證據的情況下，暗物質說便無法證實。

●日本的X射線衛星「瞳」否定了這點

接著說明這件事的後續。假設質量為約7keV的右旋微中子存在，並且為暗物質。有一假說是，它在經過相當於宇宙年齡的時間後，會衰變成光子與左旋（一般的）微中子。此時釋放出來的光子擁有固定的能量，會顯現出約3.5keV的亮線光譜。

$$v_R \rightarrow \gamma + v_L$$

（右旋）　（光子3.5keV）　（左旋）

這個keV相當於X射線的能量。過去曾發現過這個3.5keV的亮線光譜。

但最新實驗結果否定了這點，那是日本X射線衛星「瞳」的觀測結果。「瞳」在2016年2月發射升空，蒐集了英仙座星系團的詳細資料，卻發現該區域並沒有亮線光譜。「瞳」的解析度很高，可以看到非常細的亮線；但即使如此，還是沒能發現學者們想看到的亮線。

觀測3.5keV區域時，也找不到符合條件的亮線。這樣的觀測結果，幾乎否定了7keV的右旋微中子衰變後生成3.5keV之X射線的情況。

圖 6-11-1● 右旋微中子並非暗物質的證據

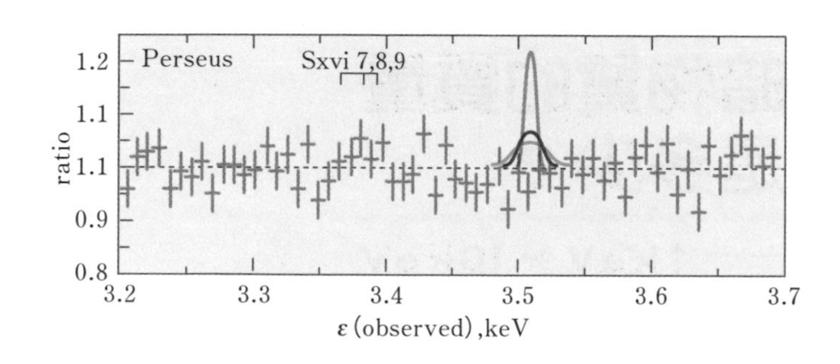

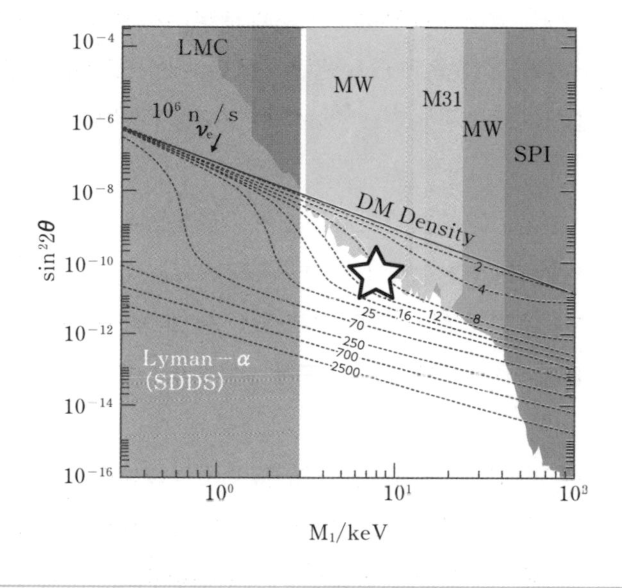

暗物質的質量是多少？

—— 1keV～10keV

由基本粒子模型理論，自然而然地可以推論出右旋微中子應該有3個世代。其中最重的是前面曾經介紹過，擁有大統一理論（GUT）等級之10^{16}GeV能量的微中子，它在翹翹板機制與輕子生成過程中扮演了重要角色。

某些學者認為，最輕的右旋微中子或許只有數keV。所以，可釋出3.5keV之X射線的7keV右旋微中子並非不可能存在。

若右旋微中子是暗物質，那麼它的重量約為1keV～10keV左右。左旋微中子的量很多，但因為太輕（質量上限為0.3eV），所以不可能是暗物質。

在標準理論的框架下，左旋微中子的質量至少要3eV，才有可能是暗物質主成分。不過，我們已知每$1cm^3$中包含有300個左旋微中子，參考第169頁的註釋，即使乘上0.1eV，仍然遠遠無法達到暗物質必須具備的質量。

不過，如果7keV的微中子是暗物質，又會產生其他問題。如果真的是7keV，宇宙中就不會產生足夠的密度擾動，不會形成星系。換言之，微中子要有更大的質量，才能形成現實中的星系。

如同我們在前面章節提到的，微中子會以超高速飛行。但形成星系的粒子必須以很慢的速度移動才行，所以需要的是冷暗物質。為了飛行速度不要過快，這些冷暗物質的重量必須在1MeV以上，不然很難形成星系。

如果只是要形成一般星系的話，7keV的粒子或許還勉強辦得到。但如果是較小的萊曼α星系（*），就沒辦法靠這種粒子形成。

這也再一次說明了，微中子不會是暗物質的主要成分。

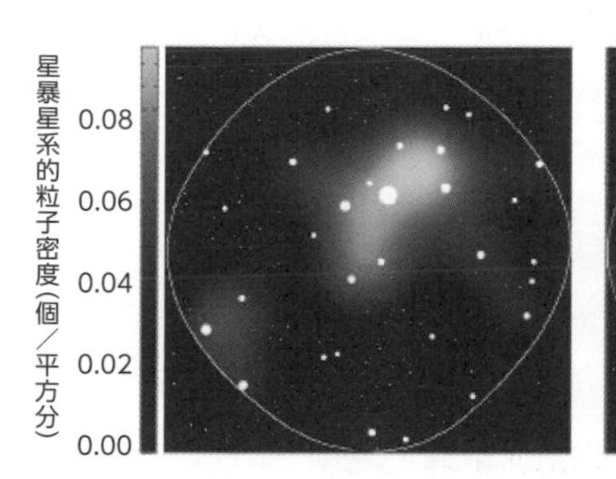

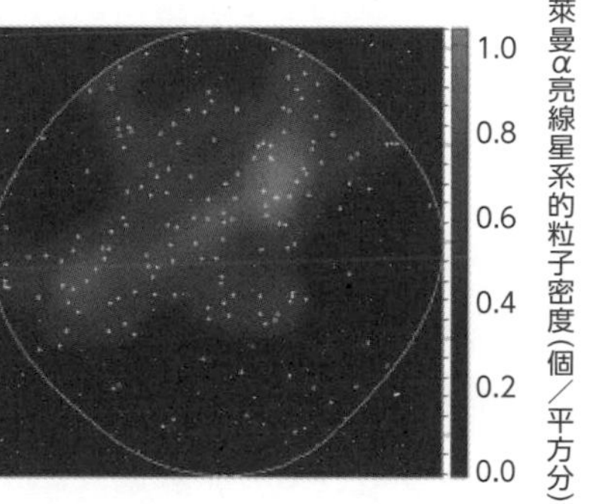

圖6-12-1　萊曼α的粒子密度
右邊為萊曼α星系、左邊為Monster galaxy。
兩者性質相異，分布卻很相似。

什麼右旋微中子的質量最好能是keV等級？

為什麼當右旋微中子（惰性微中子）的質量為keV等級時，就剛好符合理論呢？讓我們進一步說明這點。

宇宙初期時，這種右旋的keV微中子應該會與光子達到熱平衡，且數量與光子相同。它們和一般微中子（左旋）的主要差異，在於它們與其他粒子的交互作用比一般微中子還要弱許多，連弱交互作用都不參與。因此，在溫度大概是1GeV（10兆度）、仍相當高的時期，就脫離光子了。

（*）萊曼α星系
萊曼α（射線）星系是會輻射出萊曼α射線（波長122奈米，位於紫外線區域）的年輕星系。

接著，在溫度降到100MeV（1兆度）左右時，會發生「**QCD相變**（*）」。QCD相變會釋放數量龐大的光子，專業術語叫做熵生成。此時，單獨存在的夸克與反夸克幾近消失，並形成我們周遭常見的質子、中子、π介子等。又因為出現了數量龐大的光子，使右旋微中子相對變少許多，比在我們房間內飛行的左旋微中子數量還要稀薄。

計算結果顯示，如果右旋微中子相當重，那很可能就是暗物質的真面目。學者們會希望右旋微中子的粒子密度與質量相乘後得到的質量，相當於觀測到的暗物質總量。

當右旋微中子的質量約為keV等級時，總質量剛好會與觀測到的暗物質總量（約重子物質能量密度的5倍）一致。這個假說不要求微中子的能量達到大統一理論的數量級（10^{16}GeV），也不至於小到如左旋微中子般的0.1eV，簡言之，這是**由觀測數據，得到「如果微中子能量在keV數量級附近的話，就剛好符合觀測數據了」的推論**。

過去因為熱平衡而大量存在，卻因為失去熱平衡使存在量固定下來。這個過程稱為凍結過程。

（*）QCD相變

第4次相變。發生於宇宙誕生後10^{-4}秒，夸克與膠子形成強子的時期。在這之前還有3次相變。首先，第1次相變可能發生在宇宙誕生後10^{-43}秒，此時重力與其他3種力（交互作用）分離。第2次相變則發生在宇宙誕生後10^{-32}秒，「強力」分離了出來。此次相變也叫做「大統一理論的相變」。接著，第3次相變發生在宇宙誕生後10^{-10}秒。自此之後，電弱交互作用分離成「電磁力」與「弱力」，此次相變也叫做「溫伯格－薩拉姆理論的相變」，或者直接稱為電弱相變。

透過冰立方發現超高能量

—— PeV微中子

本章最後要介紹的是位於南極，專門觀測能量高達**PeV 規模**之微中子的**冰立方**（IceCube）。這種高能微中子被認為「可能是暗物質」。其中，1PeV為1千兆eV。

● 南極冰層下的「冰立方」

超級神岡探測器位於岐阜縣神岡礦山的地下1000m處，不過，有個微中子觀測站的位置更是驚人。那就是位於南極點附近、阿蒙森－史考特基地（美國）地下的**冰立方微中子觀測站**，本書在前面也多次提到過這個地方。

這個觀測站位於冰層以下1450～2450m處，體積達$1km^3$（超級神岡探測器的體積約$5\times10^{-5}km^3$）。這裡裝設了許多名為DOM的耐高壓球狀物，共有5160個光電倍增管。不用水，改用冰來觀測微中子。包括超級神岡探測器在內，過去透過水契忍可夫輻射觀測到的微中子，都是能量在數TeV左右的大氣微中子。

圖6-13-1　南極冰立方的光電倍增管（再次列出）

不過，宇宙射線中，有不少射線的能量高達PeV數量級（10^9MeV ＝10^6GeV＝10^3TeV＝PeV）。這種宇宙射線撞擊到太空中的原子核後，會產生大量π介子（π^+、π^-），π介子衰變後可能會產生微中子，這表示就算有能量高達PeV數量級的微中子飛至地表也很正常。

另一方面，科學家們也期待能夠發現宇宙誕生時就產生的微中子。在遠方星系中，暗物質湮滅或衰變時，很可能會產生微中子，並飛至地球。

所以科學家們期待能用冰立方觀測到其他裝置觀測不到的超高能微中子。觀測結果於2013年發表。科學家們在2011年觀測到了1次能量為PeV數量級的微中子，2012年也觀測到了1次，並用芝麻街美語中可愛的角色，伯特（Bert）與恩尼（Ernie）為這2次事件命名。後來又發現了1次能量大幅超越了PeV數量級的微中子事件（Big Bird）。在這之後，還多次發現了能量接近PeV的微中子。

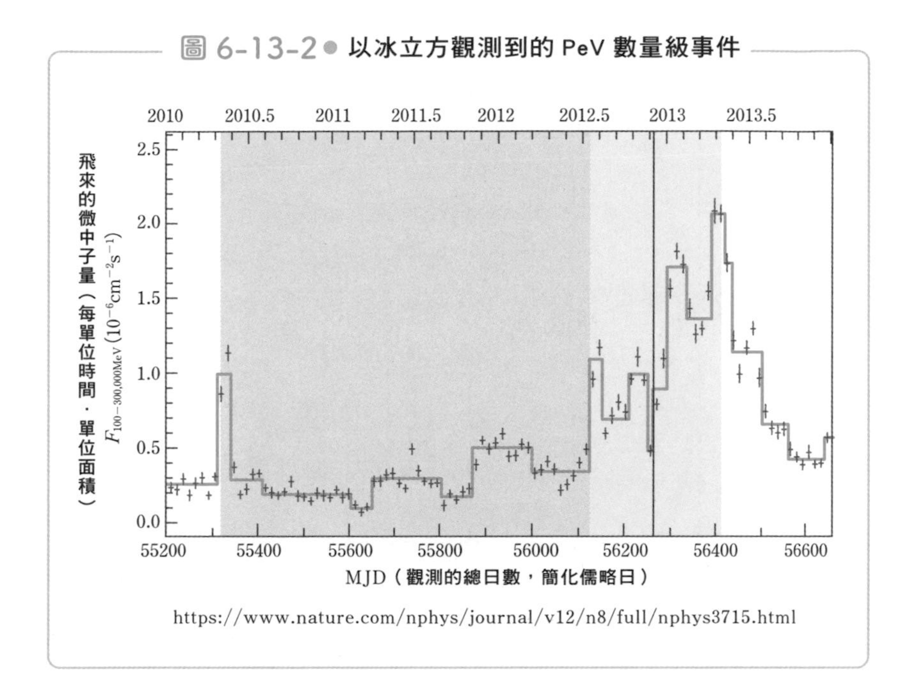

圖 6-13-2 ● 以冰立方觀測到的 PeV 數量級事件

突入微中子觀測的新時代

雖然我們還不確定PeV微中子的起源，不過用冰立方觀測到這種微中子，對於宇宙物理學來說有著很重大的意義。過去我們觀測到的微中子僅限於太陽微中子、超新星微中子，以及由地球大氣產生的大氣微中子。不過，**冰立方則讓科學家們首度捕捉到了宇宙射線中的高能微中子**。

雖然蒐集到了不少10TeV以上的資料，但因為資料還不夠充分，所以沒有統計學上的顯著意義。不過目前我們可以知道以下幾件事。

請看下一頁的圖6－13－3。縱軸是觀測到的光譜量，橫軸是能量。雖然實驗觀察到了許多數據，但神奇的是，圖中正中間的部分幾乎沒什麼數據。這樣我們就不確定到底是光譜中間區域本來就不應該有數據；還是說應該要有數據，使圖形呈　直線，只是剛好沒測到中間的數據而已。

圖 6-13-3● 這是真的光譜嗎?

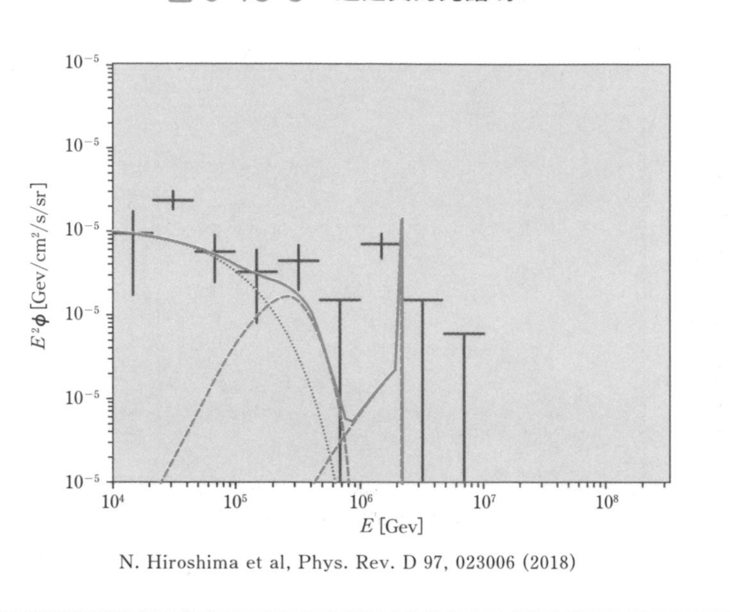

N. Hiroshima et al, Phys. Rev. D 97, 023006 (2018)

這2種情況適用的理論有很大的差異。如果是一般能量分布為直線狀的宇宙射線，那麼射線中的質子所產生的微中子能量分布也應該是直線狀才對。但這樣就無法說明為什麼會缺乏圖中中間部分的數據。

如果真正的光譜不是直線，那麼PeV能量級的微中子就有可能來自暗物質。也就是說，「這些微中子是暗物質衰變或湮滅後的產物」的假說可能會是真的。而這些宇宙射線與微中子，就是來自暗物質的訊號，可用於驗證暗物質的存在。

但可惜的是，目前的資料量嚴重不足，雖然還沒有達到統計上的意義，但卻是相當有趣的資料。隨著資料的累積，未來應該可以得到有趣的結果。隨著冰立方的運作，應該可以捕捉到能量超越PeV的高能微中子，**進入微中子觀測的新時代**。

冰立方檢測出了過去未曾被檢測到、能量在PeV以上的高能微中子。以目前理論而言，無法以單純的宇宙射線來說明這些微中子來源。

而且，若要產生這種微中子，需要比之前提到的輕暗物質更重，且性質大不相同的物質才行。有學者推論，這種微中子或許是「比PeV還要重的右旋微中子衰變或湮滅」後的產物。

如果比PeV還重的右旋微中子是暗物質，那麼在它衰變、湮滅後，釋放出PeV能量級的高能微中子，且抵達地球也不是不可能的事。正因如此，這主題在專家學者間十分熱門。

第7章

如何捕捉重力波？

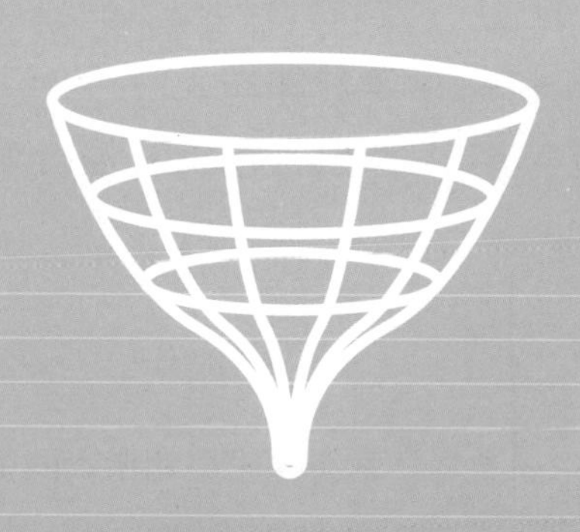

傳遞重力波的是時空本身

—— 愛因斯坦「最後的題目」

2017年的諾貝爾物理學獎頒給了重力波的發現者——魏斯（Rainer Weiss，麻省理工學院榮譽教授）、巴利許（Barry Barish，加州理工學院榮譽教授）、索恩（Kip Thorne，加州理工學院榮譽教授）等3人，他們使用的觀測裝置是美國的**LIGO**（Laser Interferometer Gravitational-Wave Observatory）。

第1次重力波觀測結果記者會於2016年2月舉行，不過他們其實在2015年9月14日就發現了第1個重力波，並把發出這個重力波的星體命名為GW150914。

●重力波是什麼？

重力波是黑洞或中子星等非常重、密度非常大的星體，出現非球對稱的運動（拉扯變形）時，釋放出來的「**時空漣漪**」。譬如雙星撞擊之類的星體間的撞擊，就是非球對稱運動，所以相撞時會產生重力波。

另外，宇宙誕生時的急速膨脹（暴脹時期）或產生相變現象時，也會產生重力波。**傳遞波的是時空（時間、空間）本身。**以專業術語來說，如果除了振動方向之外還有橫向運動，也就是「四極子」運動的話，就會產生重力波。

雖然「**愛因斯坦方程式的解**」預言了重力波的存在，不過，就連愛因斯坦本人可能也不相信真的觀察得到重力波。

愛因斯坦方程式如下所示，等號左邊為時空的扭曲，等號右邊表示物質場的分布。詳細請參考次頁專欄。

愛因斯坦方程式

$$G_{\mu\nu} + \Lambda g_{\mu\nu} = \kappa T_{\mu\nu}$$

（時空的扭曲）　　　　（物質場的分布）

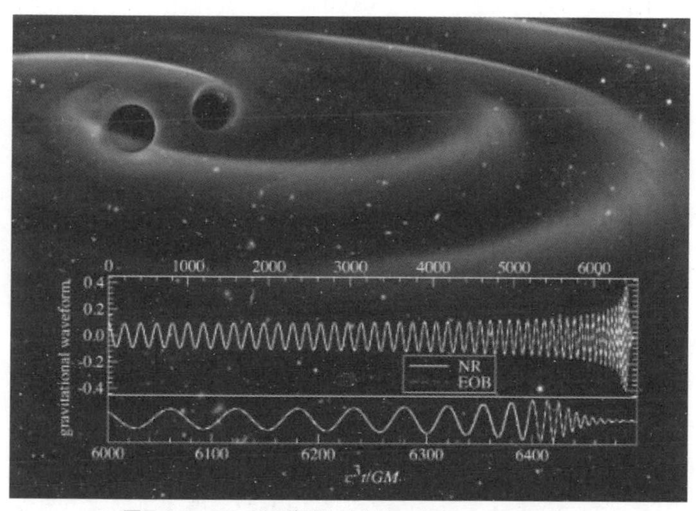

圖7-1-1　LIGO捕捉到的重力波　出處：LIGO.ORG

$$h \simeq \frac{M^2}{rR} \lesssim 10^{-21}$$

2016年2月，美國的LIGO（Laser Interferometer Gravitational-Wave Observatory）發表了他們「發現重力波」的研究成果。較為精確的名稱是LIGO升級後的aLIGO（Advanced LIGO）。他們實際上於2015年9月14日發現重力波。在這之後LIGO還有多次發表，至今共發表了50次重力波事件，之後的篇幅會再詳述。

驚人的是，重力波的振幅非常小約只有原子核的1000分之1左右。LIGO設施全長達4km，重力波振幅h可以由黑洞雙星的質量m、兩星體的距離R，以及它們到地球的距離r計算出來。代入具體的數字後，可以得到10^{-21}，是個相當小的數字。

宇宙之窗

變形後的愛因斯坦方程式預言了「重力波」的存在

愛因斯坦方程式是個相當複雜的式子，如下所示。這裡我們先忽略宇宙常數項Λ(lambda)。

$$G_{\mu\nu} + \Lambda g_{\mu\nu} = \kappa T_{\mu\nu}$$

下標的μ(mu)與ν(nu)可填入0～3的數值。由此可知，$G_{\mu\nu}$共有、$G_{00}, G_{01}, G_{02}\cdots\cdots G_{33}$，即00～33共16個元素。

等號左邊有個$g_{\mu\nu}$項。將這個部分進行分解後，就可以得到以下式子。

$$g_{\mu\nu} = \eta_{\mu\nu} + h_{\mu\nu}$$

這式子看起來很難懂，其實$g_{\mu\nu}$就是表示空間扭曲情況的量，或者說是空間扭曲程度。

等號右邊的第1項$\eta_{\mu\nu}$為未扭曲時的時空度量，稱做「閔可夫斯基時空度量」。而旁邊的$h_{\mu\nu}$則表示與未扭曲時空（閔可夫斯基時空）的差異（扭曲程度）。這裡的扭曲$h_{\mu\nu}$就是「**重力波**」。

將這個式子變形，使其近似一個弱重力場，可解出以下這個看起來更加複雜的式子。

重力波的波動方程式

$$\left(\Delta^2 - \frac{1}{c^2}\frac{\partial^2}{\partial t^2}\right) h_{\mu\nu} = -2\kappa T_{\mu\nu}$$

這就是重力波的「**波動方程式**」，是相對論性的波方程式。

式中等號左邊括弧外的$h_{\mu\nu}$表示時空的扭曲程度，等號右邊的

$T_{\mu\nu}$ 相當於能量。這表示當等號右邊的 $T_{\mu\nu}$ 有能量時，就會讓等號左邊的 $h_{\mu\nu}$ 產生時空扭曲。相對的，當等號左邊的 $h_{\mu\nu}$ 有時空扭曲時，等號右邊的 $T_{\mu\nu}$ 就會產生能量——這就是這個方程式告訴我們的事。

所以說，只要像這樣將愛因斯坦方程式變形，就能理解

「**時空扭曲→產生能量→產生重力波**」

這個方程式的意義。順帶一提，這裡的 $h_{\mu\nu}$ 並非完全是重力波，需經過橫向無跡規範（transverse traceless gauge）的過程，將物理性的部分提出才行。

透過星體發生的事件了解宇宙誕生的樣子

——檢測出重力波的意義

重力波為什麼那麼重要呢？每個天文學家、基本粒子學者的意見也各有不同。而一般人比較有興趣的可能會是「愛因斯坦最後的難題終於被解開了」。

那麼，讓我們試著思考看看，來自天體的**重力波究竟能回答什麼問題吧**。事實上，這就像拔地瓜一樣，回答出一個問題後，可陸續衍生出其他疑問與解開問題的提示。

首先，美國重力波觀測裝置aLIGO（Advanced LIGO的簡稱，該裝置的檢測能力是LIGO的4倍）發現的「GW150914」（2015年9月14日）是黑洞雙星合併時釋放的重力波。**觀測這個重力波，就可以知道雙星黑洞的合併時期。**另外，也可以得到一些線索，讓我們了解雙星黑洞如何形成。而且，這個重力波亦暗示了黑洞對撞時，會像滾雪球一樣，形成更重的黑洞。以上這些內容在電視、報紙或雜誌上都曾經是熱門話題。

第二，這個重力波或許能幫助我們了解形成這種黑洞的「重恆星」，或是宇宙初期生成之**黑洞（原始黑洞）的歷史**。

這裡提到的「重恆星」，指的可能是星族III（*）的**第一顆星**（宇宙最初生成的恆星，宇宙的第一顆星），即第一顆誕生於宇宙的恆星；也可能是星系銀暈上，屬於星族II的古恆星。重點在於，研究重力波，或許可以讓我們了解黑洞的起源，以及形成過程。

第三，這種重力波只能由雙星，或是多星系統產生。而且，這種多星系統彼此間的距離要很近，且需在宇宙年齡138億年內合併，我們才觀察得到。如果是彼此距離遙遠的多星系統，就無法在宇宙年齡的時間內合併。

第四，重力波可讓我們了解星族III（第一顆星）的形成機制，以及形成第一顆星之後，**星系會如何演變，進而衍生到星系的起源**。

第五，如果是宇宙初期誕生的黑洞，那麼黑洞的性質會取決於暴脹模型的性質。與其龐大的質量相比，黑洞的體積相當小。若在很小的尺度下，產生很大的密度擾動，就會形成黑洞。要說明這種黑洞的形成，必須透過暴脹模型。

雖說如此，仍有不少學者提出其他模型，可以在沒有宇宙暴脹的條件下，讓小尺度產生很大的密度擾動。無論如何，重力波都會是我們探索宇宙初期樣貌的重要工具。

第六，了解星系形成機制後，就知道我們太陽這種星族I的恆星，以及太陽系內地球的形成機制。這也會影響到我們對生命起源、人類起源的認識。

綜上所述，如果重力波的資訊能夠沒有矛盾地說明黑洞雙星的合併以及其他宇宙事件，或許也能夠說明我們人類的起源。這也是我們在觀察並理解宇宙事件（黑洞的對撞、超新星爆發等）所產生之重力波時的目的之一。

（＊）**星族**

恆星的分類方法。一開始分成星族I、星族II，之後又追加了星族III。我們的太陽屬於星族I。

●「宇宙背景重力波」是什麼呢？

研究重力波的目的還有一個，那就是後續透過CMB（宇宙微波背景輻射）的B模式，研究是否有可能間接觀測到「**宇宙背景重力波**」——宇宙初期就存在於全宇宙的重力波。並進一步研究透過LISA（*）、DESIGO（**）、BBO（***），以及未來的ET（****）等重力波檢出裝置，間接或直接觀測到重力波的可能性。

這不是在觀測恆星事件，而是**透過觀測重力波，了解宇宙誕生時的模樣**。因為觀測這種背景重力波，就相當於觀測宇宙暴脹時期的時空扭曲。

一般認為，若能透過觀測裝置直接觀測到背景重力波，或許就能推算出暴脹時期的宇宙膨脹率。宇宙膨脹率與當時的能量數量級有關，所以測量膨脹率，就可以知道宇宙的能量數量級。這對天文學與物理學來說，有著很重要的意義。

圖 7-2-1● 以暴脹理論為基礎描繪出來的宇宙歷史

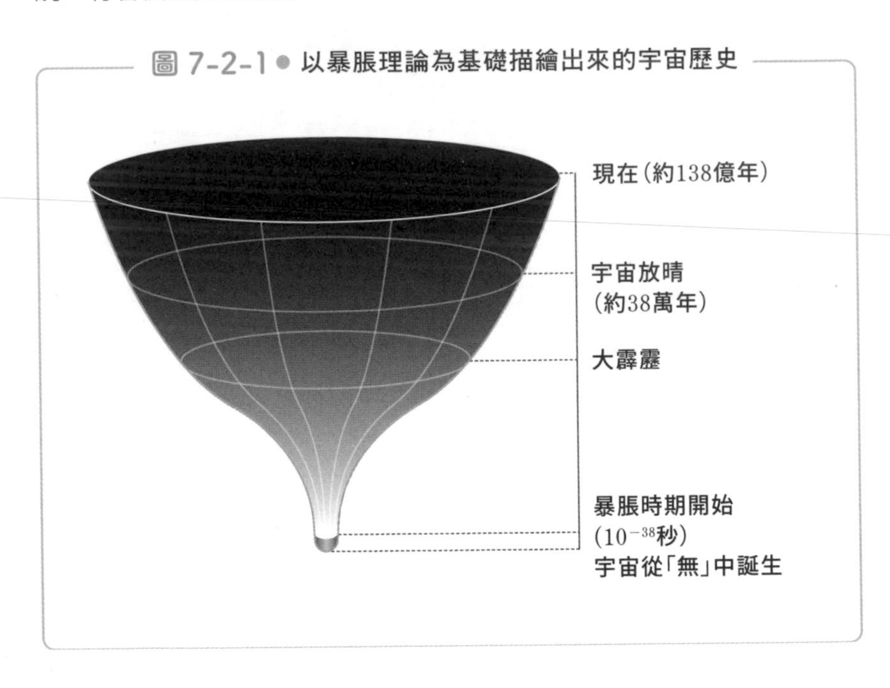

所以說，重力波的觀測有以下2個主要目的。

①偵測黑洞對撞、中子星對撞、超新星爆發等宇宙事件發生時產生的重力波，藉此了解黑洞、星系的形成

②偵測宇宙暴脹時期所產生的重力波，藉此了解宇宙誕生時的樣貌

我認為以上2點就是重力波研究的重要意義。

（＊）LISA
歐洲太空總署準備在2034年發射的宇宙重力波望遠鏡。是雷射干涉宇宙天線（Laser Interferometer Space Antenna）的簡稱。

（＊＊）DESIGO
日本計畫建造，預計於太空中運作的「重力波望遠鏡」。分赫茲干涉計重力波觀測站（Deci－hertz Interfermeter Gravitational wave Observatory）的簡稱。

（＊＊＊）BBO
LISA的後繼機種，大霹靂觀察者（Big Bang Observer）的簡稱，目的是觀測大霹靂時產生的宇宙背景重力波。

（＊＊＊＊）ET
愛因斯坦望遠鏡（Einstein Telescope）。干涉計的大小從Virgo檢測器臂長的3km擴大到10km，敏感度也大幅提升，是次世代的地面重力波偵測器。

7-3

黑洞的質量消失，轉變成能量！

── 檢測出重力波的方法

●不會產生光的「重力波」事件

重力波是一種「時空漣漪」。什麼情況下會產生時空漣漪呢？**當空間劇烈搖晃時，就會產生重力波**。下圖為2015年9月時，2個黑洞對撞合併的模擬圖。

圖7-3-1　重力波模擬圖　出處：LIGO.ORG

這個事件發生在距離地球13億光年的地方，所以對撞的發生時間是從今天算起的13億年前。順帶一提，因為宇宙在這13億年間會持續膨脹，所以目前該地點與地球之間的距離比13億光年還要遠。不過這裡先不討論距離拉長了多少。這2個黑洞的質量都比太陽重非常多，分別是29倍與36倍。那麼相撞合併後形成的黑洞，質量理應有太陽的65倍。

然而，最後形成的黑洞質量卻為太陽質量的62倍。這表示有3倍太陽質量不知道消失到哪了嗎？沒錯，**消失的質量已全數轉變成了重力波的能量**。

● 相當於「3倍太陽質量的重力波」的能量有多少？

這裡的3倍太陽質量，究竟會轉換成多少能量呢？我們可以用這個著名的公式計算出來。

$$E = mc^2$$

上方為愛因斯坦的相對論方程式。將消失的3倍太陽質量代入等號右邊的質量m，就能計算出等號左邊的能量E。

將太陽質量、光速等數值代入公式。

$m = 2 \times 10^{30}\mathrm{kg}$　　（精確數值為$1.9891 \times 10^{30}\mathrm{kg}$）

$c = 3 \times 10^{8}\mathrm{m/s}$　　（精確數值為$2.9979 \times 10^{8}\mathrm{m}$）

這裡我們不使用括弧內的精確數值，而是取概數計算。將這2個數值代入$E = mc^2$的式子，就可以得到相當於太陽質量的能量。

$$mc^2 = (2 \times 10^{30}) \times (3 \times 10^{8})^2\ \mathrm{kg \cdot m/s} = 1.8 \times 10^{46}\ \underset{\text{牛頓}}{\mathrm{N}} \cdot \underset{\text{公尺}}{\mathrm{m}}$$

$$= 1.8 \times 10^{47}\mathrm{J}$$　←相當於太陽質量的能量

不過實際上是「3倍太陽質量」，所以要乘上3。

$$重力波能量 = (3m)c^2 = 5.4 \times 10^{47} J$$

這個能量的大小相當於1.29×10^{38}噸的TNT火藥（廣島原子彈約為1.5×10^4噸）。

也就是說，這個黑洞撞擊事件中，**有3倍太陽質量消失，這些質量全部轉換成了能量，以重力波的形式抵達地球**。這可以說是個很驚人的宇宙事件，這個重力波花了13億年，終於抵達了地球。

7-4 為什麼無法正確標定出位置？

—— 重力波的方向

美國LIGO的優勢有2點，首先，它在2個地點設置了相同的重力波觀測裝置；而且，2座裝置的方向不同。LIGO為直角結構，長達4km。在華盛頓州漢福德與路易斯安那州利文斯頓2個地方各設置了裝置，且兩者配置角度不同。

因為角度不同，所以當重力波抵達時，干涉臂（直線部分）長度變化的情況也不一樣。因此，我們不僅可以得知重力波抵達地球，也可以大致掌握該重力波的方向。

圖 7-4-1 ● 2座LIGO（漢福德、利文斯頓）

之所以使用「大致掌握」這樣有些曖昧的描述，主要原因不在於裝置的精準度很差，而是在於「偵測裝置數過少」。如果只有1座LIGO裝置，那麼研究人員就只能知道「重力波來了！」。如果在2個距離遙遠的地方設置LIGO，就能掌握大致的方向、距離。如果再於另一個地方設置第3座LIGO，應該就可以標定黑洞對撞的精準地點了。

後來隨著歐洲（義大利）的Virgo加入而得以實現。2017年8月，研究團隊就透過了3座裝置的合作，偵測到了GW170814這個黑洞雙星合併產生的重力波，且精準度很高，距離精準度（540^{-210}_{+130} Mpc（*））約在數十%內，方向則在10°構成的區域內（約100平方度）。

另外，LIGO的2座裝置（路易斯安那州利文斯頓、華盛頓州漢福德）距離相當遠。重力波會先「抵達」路易斯安那州利文斯頓的偵測器，之後再「抵達」華盛頓州漢福德的偵測器。而兩者偵測到的波形「差異」，也可以證實重力波在華盛頓州與路易斯安那州之間的2點間，是以光速前進。

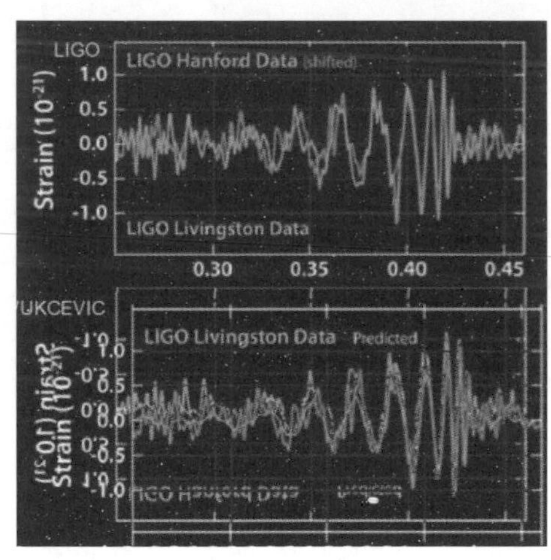

圖7-4-2　2個波形在誤差範圍內彼此一致
出處：LIGO.ORG

（＊）Mpc
pc（parsec）為天文學的距離單位。1pc＝約3.26光年（約3.1×10^{13}km）。Mpc為Mega（10^6）pc的意思。540Mpc約為540×300萬光年＝16億2000萬光年。

了解全世界的重力波設施

——LIGO的機制

圖7-5-1　華盛頓州漢福德的LIGO

LIGO會沿著自己的臂發出雷射，然後偵測抵達端點後反彈回來的雷射。這裡的雷射是同調光（coherence）。裝置會沿著2條彼此垂直的臂，發射相位相同的雷射。如果2道雷射在同一時間回到原處，就表示2道光波的相位仍相同，不會產生干涉，光強度不會改變。不過，當重力波抵達時，時空會出現扭曲，臂長跟著改變，使得從2個方向回來的2道光波出現相位落差。

當波的相位有落差時，波與波之間就會出現干涉。有相位差的波在合成之後，會出現條紋圖樣（干涉條紋）。所以觀測到條紋圖樣時，就可以知道「重力波來了！」。

而且，透過干涉條紋的圖樣，可以重新建構出形成這種條紋的波的性質，像是波長、振幅、隨時間的變化等。LIGO團隊（以及後來加入的Virgo團隊）就是透過觀測到的波的相位差，重新建構出了重力波的波形。

圖7-5-2　漢福德與利文斯頓的LIGO　出處：LIGO.ORG

圖 7-5-3● 重力波檢出機制

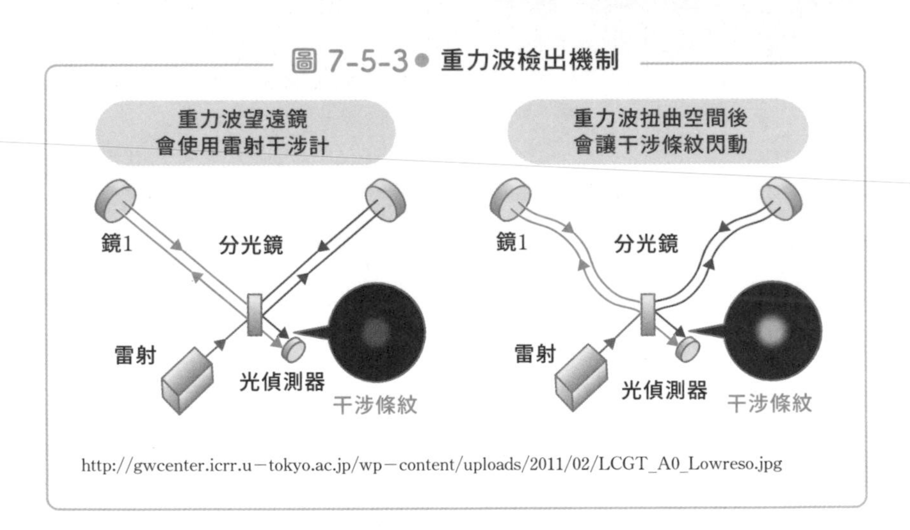

http://gwcenter.icrr.u－tokyo.ac.jp/wp－content/uploads/2011/02/LCGT_A0_Lowreso.jpg

圖7-5-4　LIGO的真空裝置（左）與裝置的組裝過程（右）　出處：LIGO.ORG

●日本的重力波設施

日本的重力波研究以小型實驗為起點，使用的是可以放在桌上的小型干涉計。美國則製造了大型法布立－培若式干涉計，譬如LIGO這種發射雷射，透過干涉情況偵測重力波的裝置。

日本國立天文台成功製造出了**TAMA300**雷射干涉計。就性能而言，它可以捕捉到中子星雙星對撞時產生的重力波。不過我們的銀河系內，約數十萬年才會發生1次這種事件。如果希望每年都能捕捉到幾次重力波訊號的話，性能必須提升100倍以上才行。新建的**KAGRA**（*）就擁有這種能力。

美國的LIGO目前在路易斯安那州與華盛頓州2個地方各有1座裝置，未來將以IndIGO為名，設置第3座裝置。由這3座裝置，可以偵測發出重力波的精確位置。

（*）KAGRA
岐阜縣神岡町的神岡礦山附近，有神岡探測器、超級神岡探測器、KamLAND等裝置。另一個備受期待的裝置是KAGRA（大型低溫重力波望遠鏡）。正式名稱為LCGT（Large-scale Cryogenic Gravitational wave Telescope），暱稱為KAGRA。雖然名稱中有個「望遠鏡」，不過它其實建在地下200m處，基線長達3km，觀測的是「重力波」。

圖7-5-5　建設中的KAGRA

相較於此，目前日本的KAGRA預計只建造這1座，光靠KAGRA並沒有辦法鎖定重力波來源的位置。於是，有學者提出可以和LIGO等世界各地的重力波設施合作，讓4、5個地方的裝置一起參與重力波研究。

KAGRA不僅位於地下200m深的地方，它的檢出器（藍寶石鏡）還需保持在零下253℃的低溫，以降低熱與雜訊的影響，提高裝置敏感度。這裡的反射鏡需以超低振動的電力冷凍機冷卻。這麼做是為了減少雜訊，使LIGO能有更高的敏感度。這種低溫技術的研究，才是KEK參與研究計畫的最大意義。

第8章

終於透過直接觀測發現重力波！

8-1 傳遞「宇宙誕生」資訊的重力波

—— 暴脹理論

重力波不只能提供星體的資訊

說到重力波，一般人可能會想到黑洞、中子星、超新星這3個引發話題的星體。不過，只有在這些星體事件發生的「瞬間」，才會產生重力波，就像宇宙中的一場秀一樣。而當重力波通過後，就無法再偵測到這些資訊。

譬如，LIGO在2015年9月捕捉到的就是「來自13億光年外星體的重力波」。

不過，和宇宙年齡相比，這其實是相對較年輕的星體事件。我們有沒有辦法捕捉到很久很久以前，宇宙剛誕生時產生的重力波，也就是**暴脹時期產生的重力波**呢？

為什麼宇宙正在急速膨脹？

138億年前，宇宙在超高溫、超高壓下，以「火球」的樣貌誕生，這就是所謂的「大霹靂」。在這之後，隨著宇宙的急速膨脹，溫度與密度逐漸下降，然後演變現在的樣貌。這就是大霹靂宇宙論，也是目前多數學者支持的標準宇宙論。

那麼，為什麼會產生「火球宇宙」這個超高溫、超高壓的世界呢？為什麼宇宙不是一直保持原樣（不是保持相同大小），而是會急速膨脹呢？目前有一個較被接受的說法，那就是前面提過許多次的「**暴脹理**

論」（＊）。

在這個理論中，**宇宙初期並沒有任何物質或光，而是一個充滿能量的真空**。透過這些真空能量，宇宙用比光速還快的速度，呈指數函數膨脹。而在暴脹時期結束後，這些真空能量轉變成了光（火球），於是產生了超高溫、超高壓的宇宙，這就是所謂的大霹靂。

不過，如果空間中存在許多能量的話，應該會存在像重力這樣使空間收縮的力才對。**為什麼空間會以超越光速的速度迅速膨脹，進入暴脹時期呢？學者們用「暴脹子場」這種量子場中的真空能量，說明暴脹時期。**

暴脹子場是個未證實存在的純量場。就目前而言，它的存在仍處於假說階段。目前已知的純量場，譬如2012年時，由瑞士日內瓦的歐洲核子研究組織CERN在LHC實驗中發現並發表，由希格斯玻色子產生的希格斯場。研究者們也因此而獲得2013年諾貝爾物理學獎，各位應該還記憶猶新。

暴脹子場是什麼？

暴脹子場與希格斯場在質量與粒子的結合力上，都有著很大的差異。暴脹子場的真空中，會產生長時間的負壓。而這個負壓會造成宇宙加速膨脹。

這點與目前的暗能量機制十分類似。有人猜想暗能量可能是未發現

（＊）暴脹理論與大霹靂的名稱
1981年，佐藤勝彥在大統一模型的框架下，提出真空相變會造成宇宙呈指數函數膨脹的理論。同年，古斯也發表了同樣的想法。自宇宙誕生的瞬間起（依大統一理論，約為10^{-38}秒後～10^{-36}秒後）宇宙會以超越光速的速度，呈指數函數膨脹，然後轉變成大霹靂的「火球」宇宙。1980年時，為修正愛因斯坦的重力觀點，學者們提出了以指數函數膨脹中的宇宙。而在20世紀初，多數學者認為「宇宙永遠不會改變」（宇宙穩態論），沒有開始，沒有結束，大小也永遠不會改變。不過宇宙穩態論的擁護者霍伊爾（Fred Hoyle）曾在某個廣播節目中說「宇宙的開始？那是大霹靂的觀點（the‘big bang’idea）」，於是「大霹靂」這個名稱就定了下來。當時連愛因斯坦都相信宇宙穩態論，否定膨脹宇宙。不過在觀測結果陸續出爐後，哈伯（Edwin Hubble）、勒梅特（Georges Lemaître）等人成功說服了愛因斯坦接受宇宙正在膨脹。

的純量場。與暴脹時期相同，目前的宇宙中可能存在著未知純量場的真空能量，就像暗能量般，占了全宇宙能量的70%。

宇宙中占了30%能量之物質，與占了0.1%的光（輻射）會產生引力，但比不過真空能量所產生的斥力，所以目前宇宙正在加速膨脹。順帶一提，即使物質與光的能量占宇宙的100%，宇宙也只是減速膨脹而已，並不會收縮回去。因為膨脹初期的速度過快，所以宇宙只會持續膨脹下去。

●宇宙誕生的第一步——「原始重力波」

暴脹時期結束後，空間能量會迅速轉變成物質能量，使宇宙轉變成超高溫、超高壓、充滿輻射的狀態。這就是大霹靂「火球」。

暴脹理論說明了幾點。首先是前面提到的**「膨脹速度超越光速的宇宙」**。這造成了我們現在看到的（宇宙視界內的）宇宙溫度擁有各向同性，在10萬分之1的精度下，為絕對溫度2.723K（約3K的宇宙微波背景輻射（CMB））。

第二，這個急速膨脹，使宇宙的形狀在幾何學上變得相當平坦，就像膨脹的氣球一樣。

再者，暴脹子場的量子擾動，是宇宙初期物質擾動的來源，也就是3K宇宙微波背景輻射所觀測到的溫度擾動。暴脹子場也含有量子的擾動。這些小小的擾動在短時間內暴脹過程中，急速膨脹，延伸至宇宙視界的彼端，造成現今宇宙中不同區域的密度差異，**這也是形成星系的種子**。CMB觀測到的「溫度擾動」，正是暴脹時期產生之暴脹子場的量子擾動。

另外，在與重力波相關方面，暴脹時期不僅會產生前述密度（溫度）的擾動，也會產生「**時空擾動**」。急速膨脹的過程中，真空時時刻刻都一直變化，成對產生重力子，這與黑洞周圍產生霍金幅射的機制類似。

學者們認為這種重力波現今仍存在，稱其為「**原始重力波**」。因為整個宇宙都存在這種重力波，所以也叫做背景重力波。若能檢出這種背景重力波，不只能成為暴脹理論的證據，也會是宇宙起源相關研究的一大步。

●宇宙初期的「重力波」以雜訊形式四處飄蕩

黑洞雙星的合併會產生重力波，不過當重力波通過地球，被LIGO觀測到時，該事件便已結束。不只是黑洞，中子星雙星的合併、超新星爆發也一樣。

不過，暴脹時期產生的重力波並非如此。當時整個宇宙充滿了重力波。不過這種重力波就像白噪音般的存在，很難分析這種波的狀態，所以也叫做**背景重力波**。若依波的種類來分，可以將其算在**駐波**。如何找到這種駐波，是我們現在的課題。

圖 8-1-1 ● 2 種重力波的來源

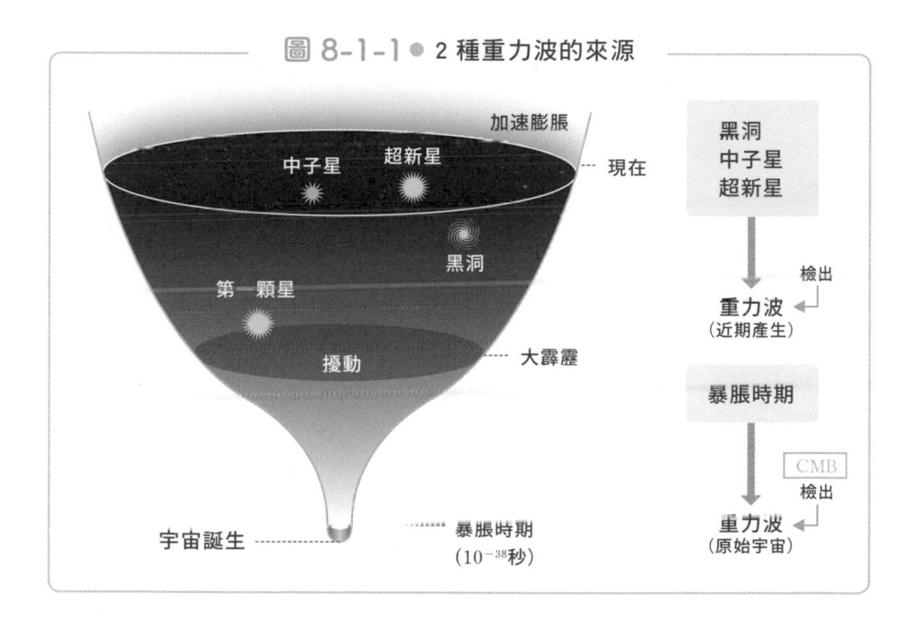

與光波不同，重力波的**偏振方式**可以分成十字形（＋）與交叉形（×）2種，如圖8－1－2所示。十字形的偏振會往縱向與橫向伸縮、交叉形偏振則會往斜向伸縮，如其名所示。這2種波疊合後，會變成圖中右方的樣子，往外傳播。

隨著時間的經過，來自黑洞的重力波會持續前進；但暴脹時期產生的重力波為「背景重力波」，是一種駐波，就像噪音一樣充滿在整個宇宙中。如果能發現這種波，就能證明暴脹理論。

圖 8-1-2 ● 2 種重力波的起源

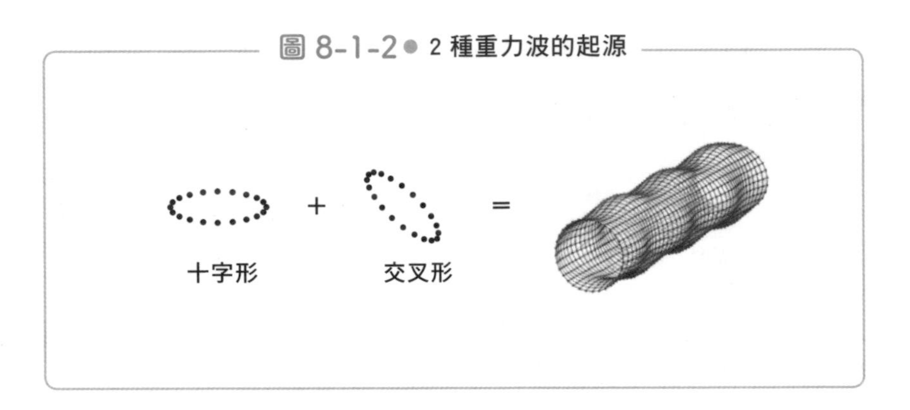

宇宙之窗

暴脹子場是什麼？

暴脹時期產生的「**暴脹子場**」究竟是什麼樣的東西呢？

重複一次，暴脹子場被認為是某種未知、很重的純量場，其質量上限在10^{13}GeV以下。目前這個低能量宇宙中，已經不存在暴脹子場。即使透過粒子對撞，產生目前可達到的最高能量（數10TeV，相當於數10京度的溫度），也沒辦法產生這種場。

每種基本粒子都有著伴隨其出現的「量子場」。譬如希格斯場會伴隨著希格斯玻色子出現。就希格斯場這種純量場而言，其存在機率最高的期望值稱做場值（真空值），是希格斯玻色子的位置。而場值周圍存在所謂的量子擾動。這種量子擾動只有在微觀尺度下有意義。

在我們生活的巨觀尺度下，幾乎察覺不到任何量子擾動，所以我們平常的生活並不會意識到它們。

我們周圍有許多電路會用到二極體。在微觀尺度下看這些電路，會看到粒子般的電子周圍有量子擾動，這種量子擾動對二極體來說相當重要。在這種量子擾動下，電流只能沿著電路中可跳躍量子擾動的方向流動，二極體才有如此特別的性質，可見量子論也是現代科技中的重要理論。

所以說，考慮初期宇宙中暴脹子場的量子擾動，可以知道當宇宙還很小時，暴脹並非在宇宙中的各個地方同時間發生。宇宙中各個地方開始暴脹與結束暴脹的時間都不一樣。量子擾動會造成時間擾動，不過在暴脹這種急速膨脹後，會轉變成超越視界的古典擾動，所以我們會在巨觀視界下觀察到，各個地方都有著不同的密度。這就是所謂的「密度擾動」或「溫度擾動」。

總而言之，最初產生量子擾動後，隨著空間的急速膨脹而迅速延伸，轉變成了空間性的密度擾動。

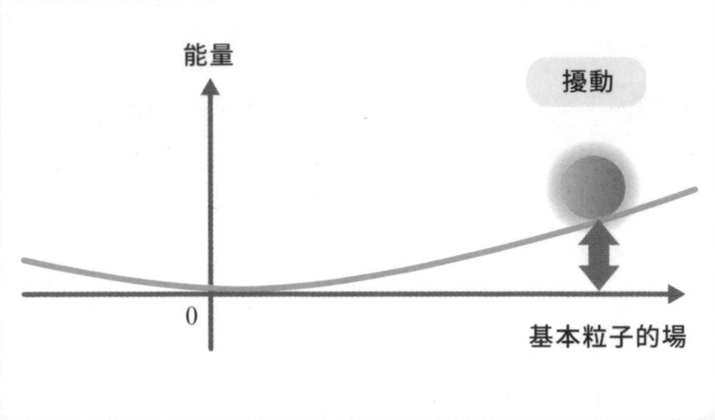

能量
擾動
0
基本粒子的場

8-2 1年大概可以觀察到9～240個重力波

── 解讀重力波的圖形（1）

● 1年內大概可以觀察到多少個重力波呢？

就aLIGO來說，1年約有10次偵測到重力波的機會。由2020年10月1日釋出的資料顯示，在aLIGO與aVirgo的共同研究下，到目前為止已累計發現了50個重力波事件。

近年來，網路上可以看到各式各樣專業的說明圖表，這些圖表該如何解讀呢？以下將簡單說明。了解之後，如果在報紙上看到「1年可以觀察到10個」之類的說明，也比較能理解那是什麼意思。

圖8－2－2中的曲線表示，在一個邊長1Gpc（32.6億光年）的立

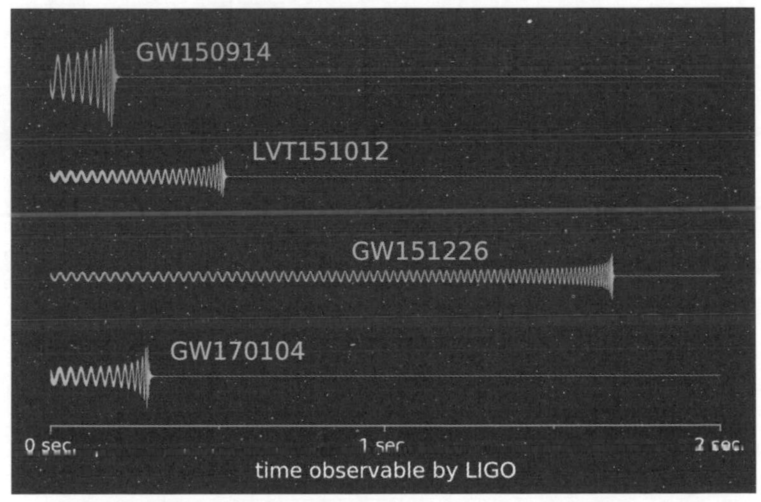

圖8-2-1　LIGO偵測到的4次重力波　出處：LIGO.ORG

體空間中，每年可以發現多少個重力波。考量到LIGO觀測的性質，位於圖形峰值附近的重力波，被觀測到的機率較高。

以2015年發現的3個重力波為例，包括GW150914（2015年9月14日）、LVT151012（10月12日）以及聖誕節時發現的GW151226（12月26日）等。由它們的峰值位置，可以知道1年內可以觀測到多少個與它們類似的重力波。

GW150914………10^1個＝數十個

LVT151012……10^2個＝數百個

GW151226………10^2個＝數百個

如圖8－2－2下方文字描述所示，實驗設備1年大約可以偵測到9～240個重力波，理論上的期望值為0.1～300個，所以1年內偵測到數個重力波應該在合理範圍內。由此看來，第1個發現的GW150914可以說是幸運發現的龐然大物；至於聖誕節時發現的GW151226，這個等級的重力波未來應該還會頻繁出現。

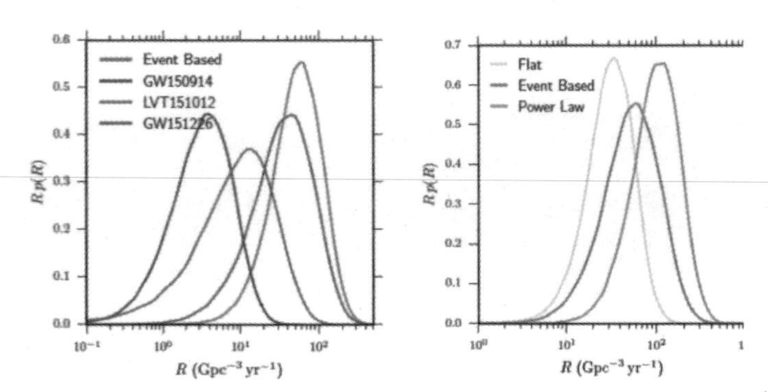

Conservative 90% credible range on the rate of BBH coalescences: 9-240 Gpc^{-3} yr^{-1}
(Theoretical expectations were 0.1-300 Gpc^{-3} yr^{-1}).

17/05/03 Kaz Kohri, Kanazawa

圖8-2-2　「1年有幾個觀測重力波的機會」是什麼意思？

重力波的一大特徵——頻率會愈來愈高

接著讓我們來看看重力波的波形。圖8－2－3是路易斯安那州（利文斯頓）與華盛頓州（漢福德）2座LIGO觀測到的數據，橫軸為時間，縱軸為頻率。可以看到2座LIGO都有觀測到頻率上升的現象。

已知當2個黑洞彼此靠近、對撞時，重力波的頻率會逐漸上升。因為星體間的距離縮短時，互相繞行的週期會變短，所以週期倒數的頻率會增加。圖中右側可以看到，隨著時間的經過，頻率會急速上升，這就是雙星對撞的證據。

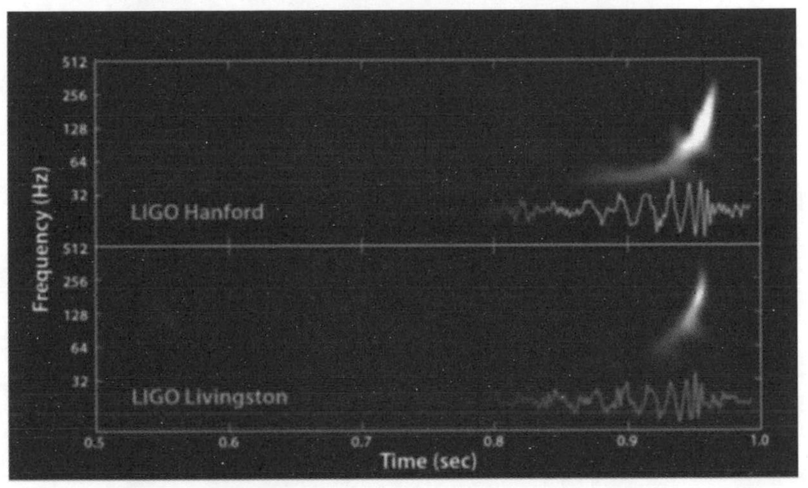

圖8-2-3　2個黑洞對撞時觀測到的重力波頻率　出處：LIGO.ORG

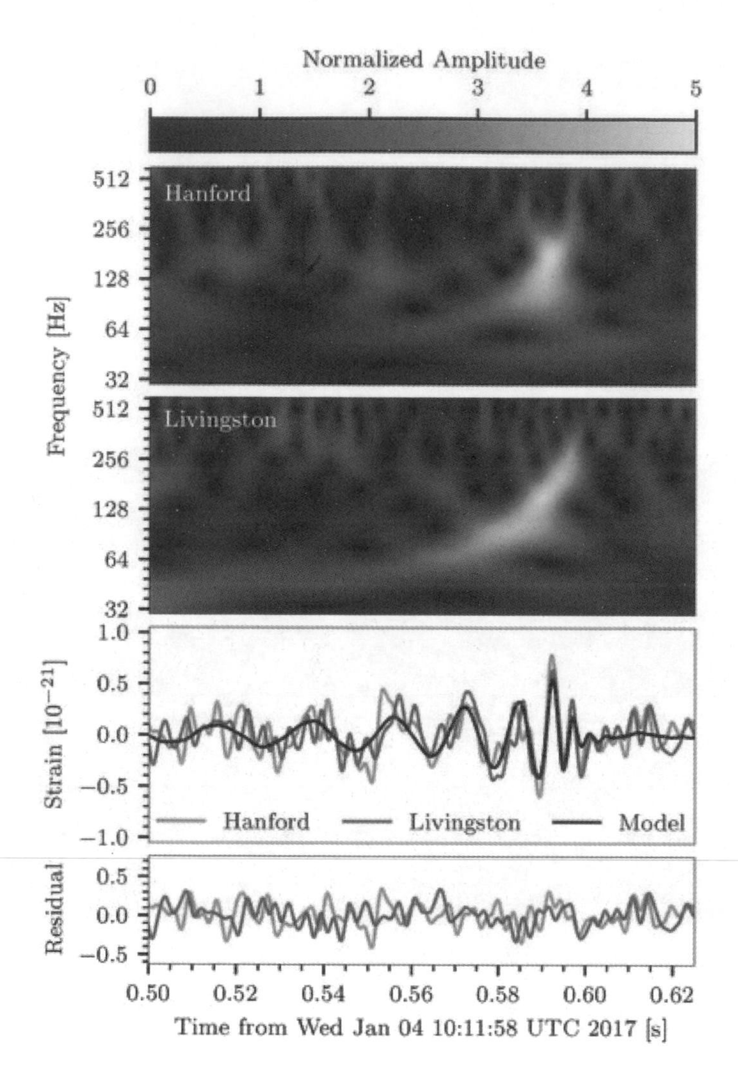

圖8-2-4 由重力波訊號得到的資料
出處：https://www.ligo.caltech.edu/LA/image/ligo20170601d

8-3

推算黑洞的質量、距離

── 解讀重力波的圖形（2）

●計算黑洞的質量時也會有誤差

LIGO第1次捕捉到的黑洞雙星，在合併後，質量會是太陽的62倍。實際上這個數字有不小的誤差。如下方圖8－3－1所示，圖形在橫軸62倍的位置最高，並往左右兩側延伸。由這個圖形可以知道，黑洞質量在「62±5倍太陽質量的範圍（誤差）內」。

縱軸表示黑洞的旋轉。典型黑洞的角動量介於0到1之間。0為完全不旋轉，1則是以最快速度旋轉。在GW150914這個例子中，角動量的估計值為0.67±0.07（0.60 ～ 0.74左右）。

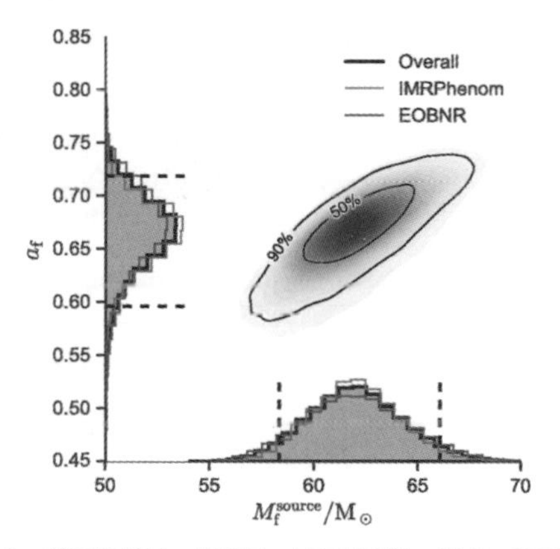

圖8-3-1　黑洞的質量、角動量，以及其誤差　出處：LIGO.ORG

如何估計黑洞的距離

讓我們試著透過下方的圖8－3－2，估計地球與黑洞間的距離。由於距離愈遠，訊號愈弱，因此以下我們將結合理論與觀測數據來估計黑洞的距離。

在研究報告中提到，GW150914的黑洞雙星和我們的距離為13億光年。若將估計的距離範圍畫成圖，會看到縱軸400Mpc處有1個峰值。1pc約為3.26光年，所以400Mpc的距離可計算如下：

400×100萬（M）×3.26（光年）＝13.04≒13（億光年）

從計算結果可知距離地球約13億光年。若要求更精確的數字應為410Mpc，則計算後可得到約13億4000萬光年。

另外，我們也可以從這張圖的橫軸，看出黑洞雙星的軌道面傾斜角度是多少。圖中最高的地方是150°，這表示從地球看過去時，看到的不是正面，而是有150°的傾斜。

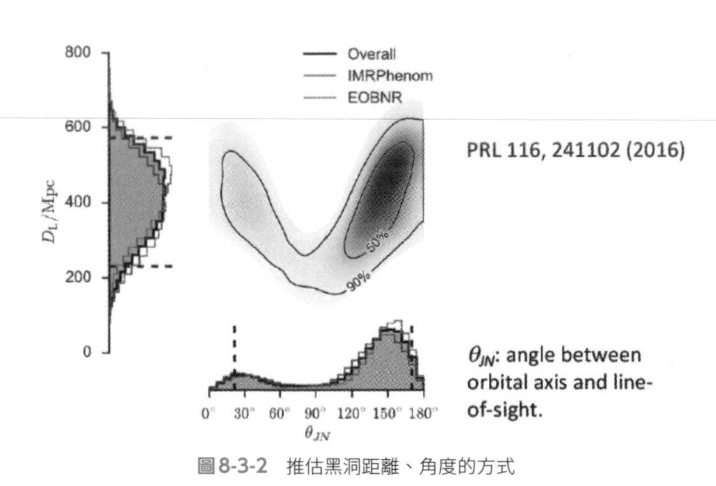

圖8-3-2 推估黑洞距離、角度的方式

綜上所述，由觀測資料顯示，較重的黑洞質量為太陽的36倍，較輕者為太陽的29倍。不過，因為測量數據並不精準，所以兩者分別有±4倍的誤差。而合併後形成的黑洞，質量為太陽的62倍，這個數據也有±4倍範圍的誤差。

由36倍、29倍的黑洞合併成62倍的黑洞，過程中有3倍太陽質量消失。如前面章節所述，這表示它釋放出了5.4×10^{47}J的能量（由第4章第2節的計算結果）。這個「重力波」的一部分，經過很長的旅途後抵達了地球，卻也因此而變得很弱（很暗）。

假設黑洞自旋的最大值為1，那麼合併後新黑洞的自旋約為67%，距離地球410Mpc（13億4000萬光年）左右。

圖 8-3-3● 質量、轉動速度、距離

第1個黑洞的質量		36^{+5}_{-4}	太陽質量
第2個黑洞的質量		29^{+4}_{-4}	太陽質量
合併後黑洞的質量		62^{+4}_{-4}	太陽質量
合併後黑洞的自旋		$0.67^{+0.05}_{-0.07}$	
光度距離	13億4000萬光年	410^{+160}_{-180}	Mpc
紅移		$0.09^{+0.03}_{-0.04}$	
放出的總能量	3個太陽質量		
尖峰光度	200太陽質量／秒（3.6×10^{56}erg/秒）		

超新星爆發的數萬倍

紅移為0.09，表示黑洞釋放這個重力波時的宇宙，比目前的宇宙還要小9%。由此可進一步估算出這是13億年前釋放出來的重力波。

表格外還有「尖峰光度（Peak luminosity）」，數值為3.6×10^{56}erg（爾格）。這個亮度是超新星爆發釋放出微中子時，釋出能量的數萬倍。只是黑洞釋放出來的不是光，而是重力波。

比較3種星體事件

—— 解讀重力波的圖形（3）

下方的圖8－4－1是LIGO最初發現的3個重力波事件的比較。橫軸為頻率、縱軸為敏感度。曲線描繪的是LIGO的敏感度。從左上方看起，可以看到3個重力波事件與LIGO的敏感度重疊。愈往右邊，重力波愈是急速下降，並直接切過曲線，消失於圖的右下方（偵測不到）。

也就是說，當重力波的訊號在這個曲線的愈上方，LIGO對重力波就愈敏感，較容易偵測到重力波。相對的，如果在曲線的下方，LIGO就偵測不到這個重力波。

而且，這3個重力波事件相當不一樣。首先，與第1個重力波（2015年9月14日）相比，後2個事件的時間拉得比較長。

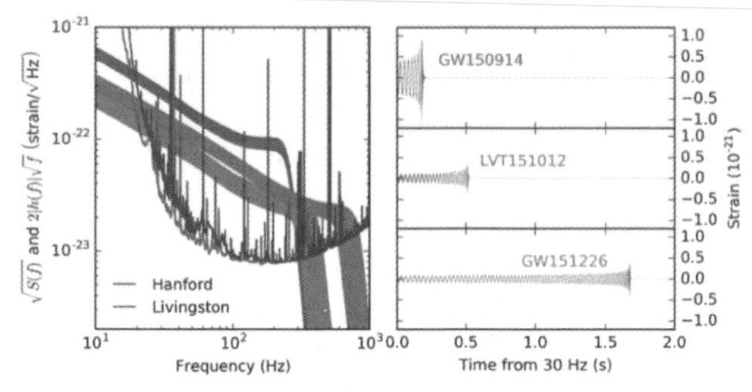

圖8-4-1　3起重力波事件　出處：LIGO.ORG

黑洞重力波也有很多種

前面提到，首次發現的黑洞雙星重力波（GW150914）是由36倍與29倍太陽質量的黑洞雙星對撞合併時產生。不過，同樣來自黑洞的重力波事件，也可以分成很多類型。

被稱做**聖誕事件**的重力波（GW151226），如下一頁圖8－4－2的①圖所示，是由20倍與5倍太陽質量的黑洞於對撞時產生，相撞的黑洞質量相對較輕。

而名為**LIGO-Virgo Transient**（GW151012）的重力波事件，則是由30倍與10倍太陽質量的黑洞於對撞時產生。

雖然兩者都是黑洞的對撞，不過彼此差異相當大。

以上，我們介紹了各式各樣的圖表。只要在網路上搜尋，應該可以看到許多專家的論文。如果您願意稍微了解一下怎麼解讀這些圖表，在看到新聞、報紙的報導時，就能夠自行分析出更有深度的資訊，還請您善用這些知識。

①原本的雙星是太陽質量的幾倍
（側曲線為95%信賴區間）

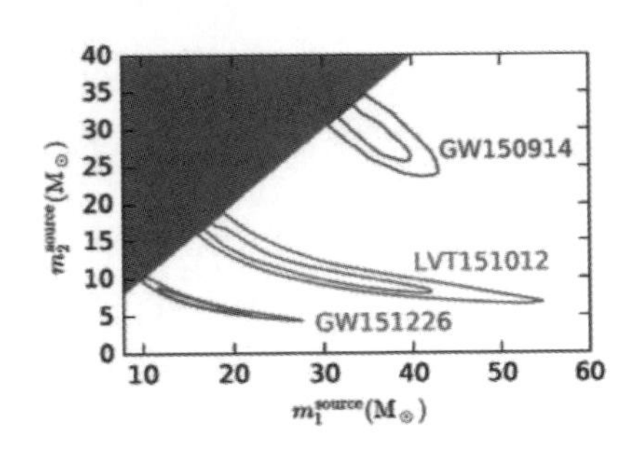

②合併後是太陽質量的幾倍

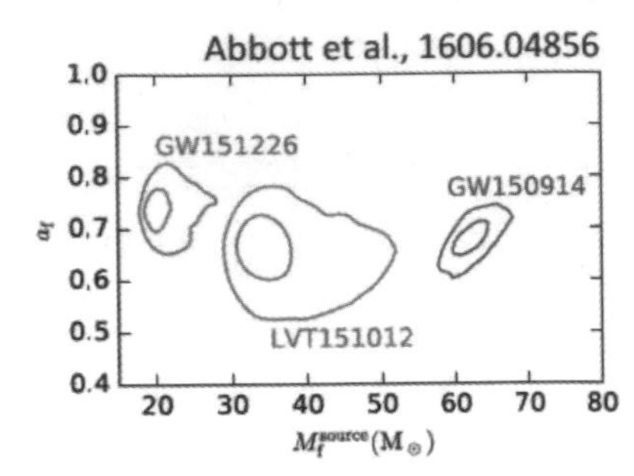

③合併後的有效自旋參數。
0表示沒有自旋

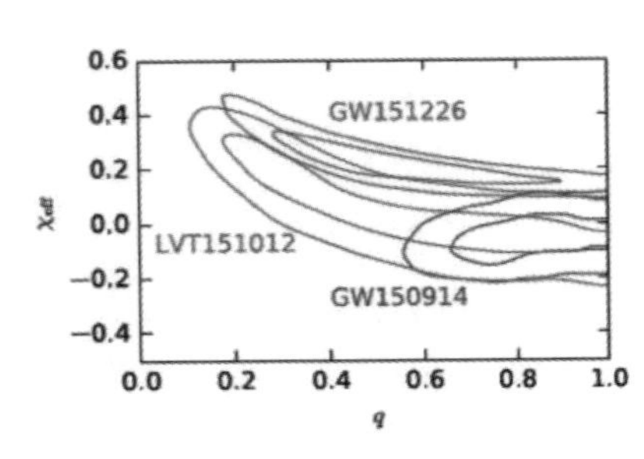

④事件發生地點與地球間之距離的
信賴區間與機率分布

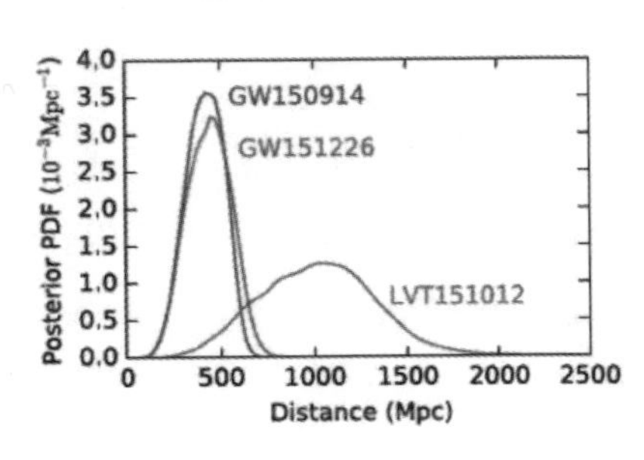

圖8-4-2 黑洞重力波也可分成很多種 出處：LIGO.ORG

8-5 透過重力波發現的異常黑洞

—— 巨大黑洞

●無法透過X射線觀測到的巨大黑洞

以前科學家們通常是透過X射線發現黑洞。不過，LIGO透過重力波所發現的黑洞，比過去發現的那些黑洞還要大非常多。

圖 8-5-1 ● 已知的黑洞大小

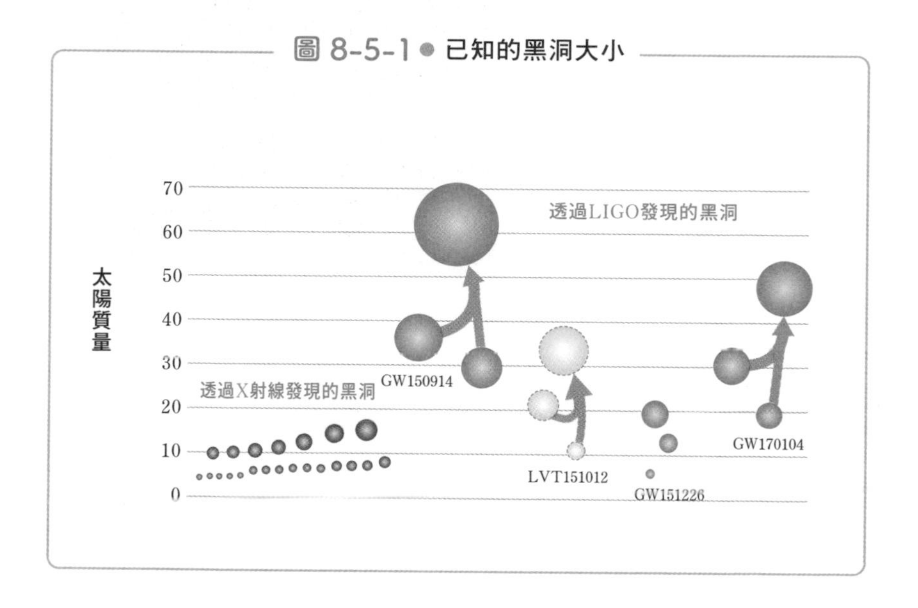

透過X射線發現的黑洞，質量約為太陽的5倍左右，最多也不會超過25倍。相較於此，LIGO首次觀測到的重力波（GW150914），就是由2個質量為太陽30倍以上的黑洞產生，合併後的質量達太陽的62倍，可說是相當大的黑洞。

而LIGO-Virgo Transient（GW151012）、聖誕事件（GW151226）中觀測到的黑洞就沒有那麼大了，用X射線也可能觀測得到。不過在它們合併之後，又會形成質量重到X射線無法觀測到的黑洞。重力波可以讓我們實際看到**黑洞對撞，並形成更重的黑洞的驚人過程**。

後來於2017年1月4日檢出的重力波，是由32倍與19倍太陽質量的黑洞所產生（GW170104），兩者合併成了49倍太陽質量的黑洞。2020年10月1日公開發表的GW190521事件，則是由85倍與66倍太陽質量的黑洞所產生，合併後形成了142倍太陽質量的黑洞。

圖 8-5-2● 2017年1月4日的黑洞合併與想像圖

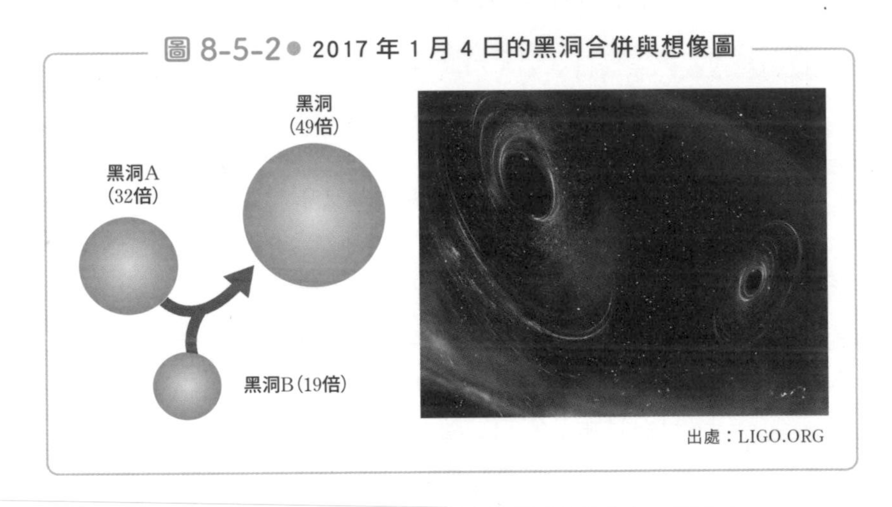

出處：LIGO.ORG

透過X射線發現的黑洞，可能是超新星爆發後產生的黑洞，一般而言，相對比較小。過去我們就知道宇宙中存在這個等級的黑洞。不過，質量為太陽60倍以上的**黑洞對撞**，這個過程可以說是學者們不曾想像過的驚人狀況。

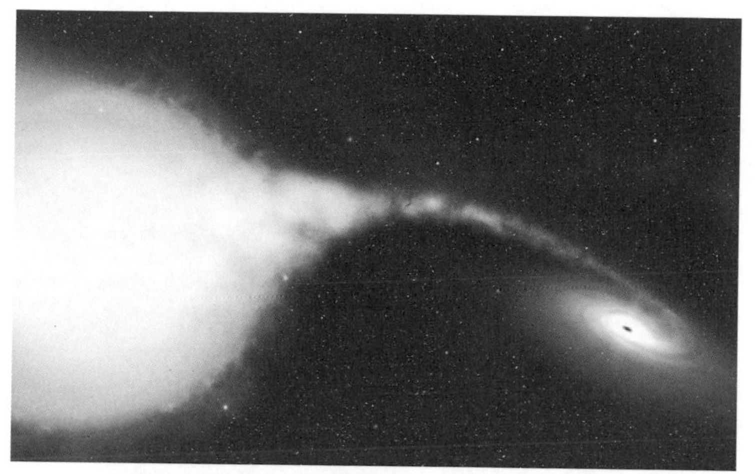

圖8-5-3　天鵝座X－1的黑洞想像圖　出處：NASA／ESA

位於星系中心的**超巨大黑洞**(*)，可能來自這些黑洞間的多次對撞，或是由黑洞的大量塵埃聚集而成。舉例來說，我們銀河系中心的黑洞，質量是太陽的400萬倍。雖然數字聽起來很大，但和其他星系相比，這樣的黑洞可以說是相當小。最大的超巨大黑洞可達太陽質量的200億倍。

星系會與黑洞的質量一起進化。當黑洞彼此撞擊，變得更大時，星系之間也可能會彼此撞擊，形成更大的星系。所以在研究星系如何形成時，黑洞也扮演著重要角色。

(*) 超巨大黑洞
質量為太陽的10萬～100億倍的超大質量黑洞。一般認為，幾乎所有星系的中心都存在超巨大質量黑洞。學者們提出了數種模型，試圖說明這些黑洞如何形成。

是真的重力波，還是假的？

——雜訊、事前模擬、國際合作

去除雜訊的方法——利用波形的差異——

我們可以透過波長依賴性來去除白噪音。舉例來說，圖8－6－1的右下方標註Adv.LIGO的曲線，是LIGO與KAGRA可感應到的區域，可捕捉到10Hz～10000Hz的重力波。重力波的頻率與汽車通過時的振動、地震的振動不同，所以儀器可以憑藉這點辨別出重力波。還有，重力波的波形也與其他振動的波形不同。

地震波的振幅會突然變得很大，然後持續一陣子。在這段期間內，地面以下的部分會開始崩解，我們很難看出地震波的規則。

不過，在雙星對撞前，重力波的波形（圖8－6－1）會以一定規則逐漸變大，對撞瞬間的重力波最大。之後則會逐漸下降，直到事發地點形成黑洞，變成規律的圓形運動後，重力波才消失。

研究人員會**在事前模擬計算重力波的波形**，然後將不符合這種波形的其他波，譬如地震波等，全數剔除。這種方法叫做**匹配濾波方式**。而在模擬時須設定多個參數。

舉例來說，LIGO第1個發現的GW150914，是由36倍與29倍太陽質量的黑洞對撞、合併時產生的重力波。在LIGO發現這個重力波之前，就已經先計算好了各種質量組合的黑洞會產生的重力波（譬如13倍與25倍、27倍與33倍等）波形。再將這些模擬出來的波形與實際觀測到的波形逐一比對，如果波形不符的話，就把它當作雜訊捨去。而在

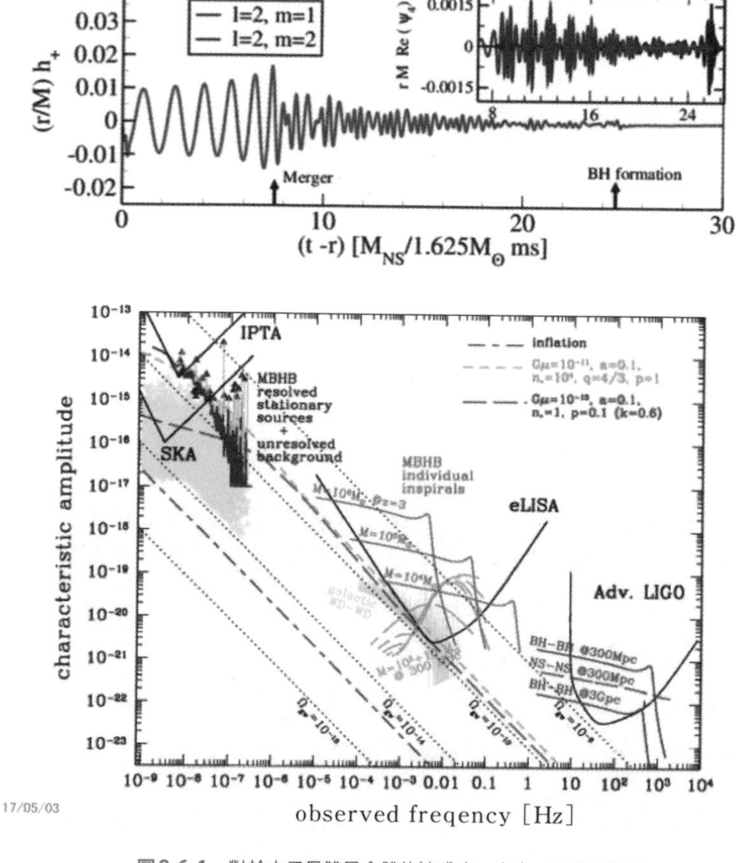

圖8-6-1　對於中子星雙星合體的敏感度　出處：LIGO.ORG

這次觀測中，預先準備的29倍與36倍（其中，以重力波形式散逸的能量，約為3倍的太陽質量）波形模擬結果，便與觀察到的波形相符。

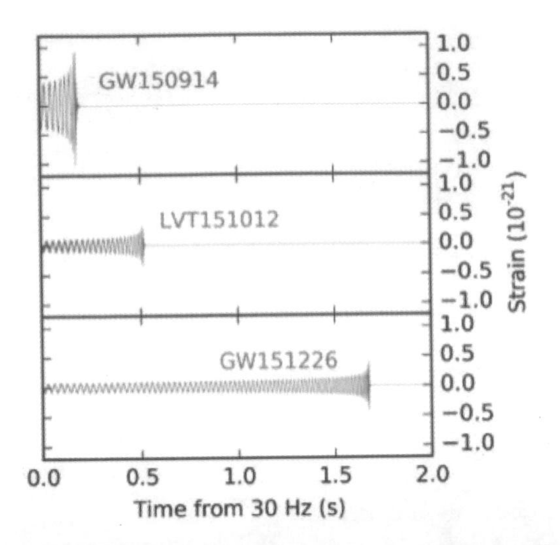

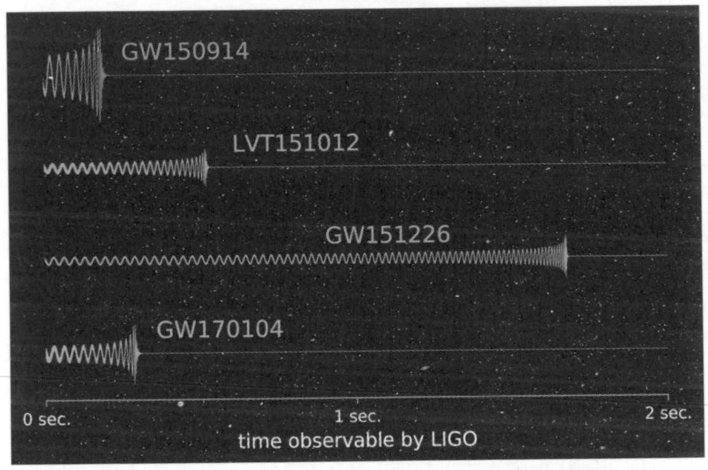

圖8-6-2 比較實際觀察到的重力波與事前模擬的黑洞重力波（再次列出）
出處：LIGO.ORG

欺騙自己人的假數據

在初次檢出重力波以前的測試階段中，研究人員會故意製造假的數據給分析人員，以訓練分析人員，提升分析人員的可靠度。如果某天裝置真的檢測到重力波訊號，分析人員卻沒有分析出這個訊號的話，會是很大的問題。所以當分析人員分析到疑似重力波訊號時，需反覆確認這是不是**偽造測試用資料**。為此，需要有幾位研究者負責擔任偽造資料的人，在觀測到的波形中加入疑似重力波的訊號，訓練分析人員檢測重力波的能力。

即使分析人員分析出了重力波訊號，這可能也是用來測試分析人員能力的「在某月某日某時某分某秒摻入的假訊號」。如果分析人員沒有抓到這個假訊號，那麼當真訊號到來時，也很可能會漏掉。

所以說，當分析人員確認到重力波訊號時，需先向團隊的研究成員確認這是不是假訊號，才能確定「是否真的是重力波」。這樣的訓練已進行了多次。也就是說，即使分析人員確認到重力波訊號，也得確定數據中沒有摻入假訊號，才能確定他們真的發現了重力波。這種做法可以提高觀測資料的可靠度。

委託其他團隊調查

通常，如果得到了驚人的研究成果，會委託其他研究團隊追蹤調查。不過在aLIGO有新發現時，除了自己的2座裝置（華盛頓州、路易斯安那州）之外，Virgo（歐洲，義大利）與KAGRA（日本）都還沒開始運作，當時地球上還沒有能力與LIGO在同一水準的裝置。

即使如此，研究團隊也會與國際上其他團隊尋求合作。譬如在GW150914的例子中，事件發生後，團隊馬上就照會日本在夏威夷的研究設施「昴星團望遠鏡」團隊，問他們「在9月14日時有看到什麼嗎？」。也會和世界上其他權威性的觀測設施聯絡，委託他們確認情況，譬如費米伽瑪射線太空望遠鏡（美國、日本等6國共同擁有）、超級神岡探測器（日本岐阜縣神岡町）等。昴星團望遠鏡可用可見光、紅外線觀察；費米太空望遠鏡（人造衛星）可透過伽瑪射線觀察；超級神岡探測器則可透過微中子觀察。不過當時，昴星團望遠鏡什麼都沒看到就是了。

這種觀測上的合作，除了**用到重力波之外，也會用到可見光、伽瑪**

射線等電磁波、微中子等各種波長與粒子的資訊，以這些資訊可建構出多信使（多粒子）天文學。我們將在下一節中，說明多信使天文學的方法相當適合用於中子星的研究。

總之，GW150914事件中，除了重力波以外，其他裝置並沒有確認到相關資訊。不過，GW150914與重力波模擬結果非常吻合，所以沒什麼問題。即使是有意義的訊號，有時也會與模擬結果不吻合。譬如中子星所產生的重力波，就與模擬結果完全不合。另外，若要確定星體事件的距離與地點，有時也會透過可見光驗證。

不過，就像前面提到的，GW150914事件中，除了重力波以外並沒有任何資訊，而這想必也是因為「如果是黑洞的話，就不會有其他資訊（因為看不到）」。如果是中子星（質量很大的恆星在爆炸後留下來的緻密星體）的雙星對撞，至少也可望用可見光捕捉到對撞情形。某些模型認為，黑洞周圍的吸積盤應該會產生微中子，不過現實中並沒有偵測到。

終於觀測到中子星合體時產生的重力波

── 多信使天文學的揭幕

● 中子星雙星合併所產生的重力波GW170817

在諾貝爾獎發表後不久的2017年10月16日，研究團隊發表他們**發現了中子星雙星合併時產生的重力波**。這個新聞迅速流傳至全世界。美國LIGO實驗的2座裝置，以及歐洲Virgo實驗的1座裝置，2個團隊共3座裝置共同發現了這個重力波，故敏感度也進一步提升。

事實上，我們宇宙物理學的理論學者大多認為比起黑洞合併，應該會先偵測到中子星合併的重力波才對。

為什麼會先偵測到中子星的重力波呢？因為中子星是超新星爆發的產物，而且我們早已確定中子星存在於宇宙中，也發現了中子星雙星，故可預測這個雙星遲早會合併。

這個中子星雙星合併事件於2017年8月17日被觀測到，所以命名為「GW170817」。與之前的事件一樣，之所以在發現後2個月才發表，是因為需要時間分析。

這次發現的重力波與過去的黑洞雙星合併所產生的重力波完全不同，如下所述。當時我任職於牛津大學物理系，記得當時這消息還引起了全系騷動。

● 與眾不同的事件

這次事件有很多與過去事件不同的地方。首先，這次事件距離地球只有約1億3000萬光年，距離相當接近。而且與黑洞合併事件當時相比，這次的持續時間長達100倍，約持續了100秒左右。光是重力波的觀測，就可以判定「重力波應源自約5度平方的範圍內」。

而且讓人訝異的是，這次事件「同時還伴隨發光」。不過可惜的是，沒有發現微中子。另外，之所以能將事件的可能發生地點集中在那麼小的區域，是因為同時**用3座裝置觀測的關係，可以大幅提高資訊的精確度**。

Virgo（歐洲）並沒有偵測到這次事件的訊號，但這並不表示Virgo的性能較差，而是因為訊號剛好從垂直方向射向Virgo的2個臂。也就是說，我們可以從Virgo的未檢出，反過來推論出「重力波的前進方向」。

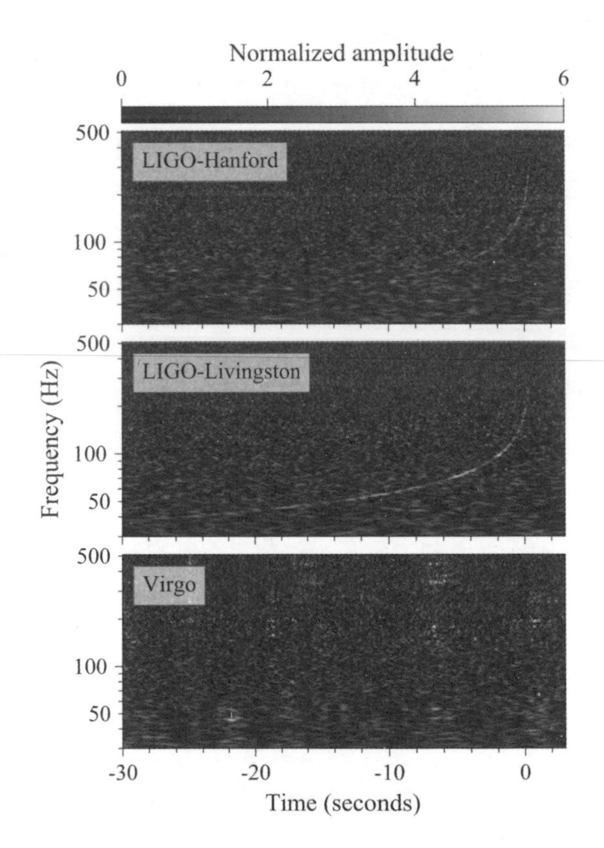

圖8-7-1 LIGO漢福德、LIGO利文斯頓、Virgo偵測到的訊號
（Virgo沒有接收到訊號，這表示訊號是以垂直於Virgo的方向射入）
出處：LIGO.ORG

如果當時日本還在建設中的KAGRA已開始運作，或許也能計算出重力波的傾斜角度，也就是「偏振光資訊」。這2個對撞的星體，原本的質量皆為太陽的1.4倍左右。

在事件發生後1週內可以觀測到明顯的光，主要由紅外線、可見光、紫外線組成。由這些觀測結果可以知道，訊號來源是由已知的系外星系NGC4993（距離地球約1億3000萬光年）所發出的。雖然重力波可以確定訊號來自「5度平方的範圍內」，但光靠這些資訊，仍無法確定重力波是從哪裡星系的星體發出。**在許多天文台的合作之下，才確定了重力波的來源星系**。

前節提到的GW150914，也是觀測各種波長的電磁波與粒子，研究整合後的資訊，才得到了有意義的結果，這種研究方式稱為**多信使天文學**（多粒子天文學）。

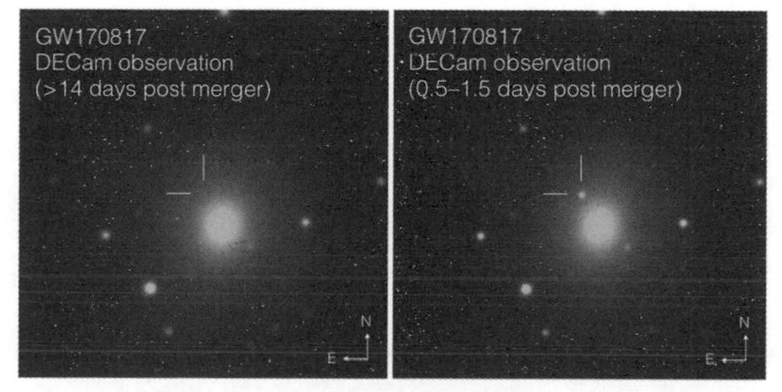

圖8-7-2　NGC4993對撞前（左）與對撞後（右）的樣子　出處：LIGO.ORG
2條線的交叉處在對撞後變得相當明亮，可以用可見光與紅外線觀測到它們。

8-8 解說中子星釋放出來的「光」

——金、鉑、稀土元素的來源

可以用紅外線看到的千級行星

中子星雙星合併時會「發光」，若觀察到發光，至少可以確定原本的2個星體不是黑洞。如果是黑洞雙星對撞，並不會往周圍釋放出任何物質。而如果要產生這麼強的光，特別是紅外線的話，對撞時同時也會釋放出主要由中子構成，共0.03倍太陽質量（約1萬倍地球質量）的物質，才會與理論一致。

這些含有許多中子的物質被釋放出來之後，會彼此對撞，生成重元素。重元素中已知含有金、鉑、稀土元素等一般恆星內部無法製造出的**r-過程元素**。這些重元素會捕捉電子形成原子，而電子在原子軌域間的躍遷過程中，會吸收、放射出紅外線，這就是為什麼我們可以觀測到紅外線。

可用紅外線觀測到的星體叫做**千級新星**（kilonova）。「nova」是新星的意思。「kilo」則表示它的亮度約為一般星體的1000倍。由此看來，千級新星可說是完全不同的星體。

了解金、鉑、稀土元素的來源

這次中子星雙星合併事件（GW170817）中製造出來的金、鉑、稀土元素總量，約為地球質量的1萬倍。不過，專家們仍無法透過理論，計算製造出來的元素中，各種元素的含量分別是多少。

不過，單就「金」而言，可以說至少製造出了相當於地球質量數百倍的量。也就是說，在這次事件中，我們意外地了解到金、鉑、稀土元素的來源。

在形成太陽或地球之前，也就是太陽的上一個世代中，可能有個質量為太陽8倍的重恆星發生超新星爆發，變成了中子星，接著2個中子星對撞合併，製造出了金、鉑、稀土元素等元素。這是50億年前或更早的事，可說是相當壯大的起源。

●突發事件的各種解釋

此外，也有其他研究團隊提出了無線電波、X射線、MeV之伽瑪射線的觀測報告。報告中認為這些訊號可能是來自其他會產生伽瑪射線暴的星體。發生期間約只有2秒，所以也叫做短伽瑪射線暴。如果時間超過數秒的話，則稱為長伽瑪射線暴，但這次顯然不是如此。伽瑪射線暴發生後9日觀測到了X射線，2週後觀測到了無線電波。與標準的短伽瑪射線暴相比，這次的伽瑪射線暴強度明顯較弱。

不過，仍有不少人對上述解釋提出異議，目前還在持續驗證中。若上述推論正確，那麼這次事件很可能也會產生各種波長的光。不過，當時的相關觀測裝置位於地球的另一面，由於運氣不好而觀測不到，所以現在我們無法肯定這次事件有沒有釋出其他波長的光。畢竟是突發狀況，這也是沒辦法的事。

觀測到的MeV之伽瑪射線來自「中子星雙星對撞」的說法仍頗具魅力。學者們認為，對撞形成噴流時，會同時產生短伽瑪射線暴。這次事件中，噴流也可能朝著其他方向（而不是對著我們）釋放出弱伽瑪射線暴。這樣的解釋也非不可能發生。

費米人造衛星GBM偵測器的1個團隊，與INTEGRAL人造衛星團隊也有提出觀測報告，卻不被認為是有意義的觀測結果。星體的中子等核子在星體對撞時，會產生衝擊波。此時會往旋轉面的垂直方向釋放出名為噴流的能量流。

在星體周圍磁場的影響下，也可能會產生伽瑪射線。衝擊波會加速噴流中的電子、正電子，這些電子、正電子進入磁場後，會產生同步輻射，釋放出伽瑪射線。

另外，會釋出MeV之伽瑪射線的模型中，還有一種叫做繭（cocoon）。這是個具有MeV溫度的炙熱塊狀物，當它冷卻變透明時會產生光球輻射，這種輻射包含了伽瑪射線與X射線，我們可能就是發現了MeV區域的伽瑪射線。

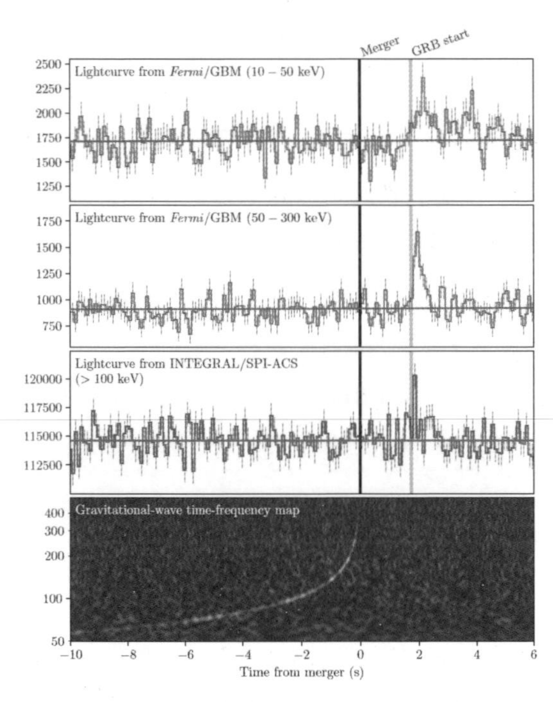

圖8-8-1　短伽瑪射線暴　出處：LIGO.ORG
對撞後（最下欄為偵測到重力波的時間）2秒偵測到伽瑪射線暴。

釋放出重力波時也會失去能量

質量約為太陽1.4倍的中子星，半徑大概是10km多。這次事件的中子星，半徑約在10km到15km左右。當雙星間的距離比它們的半徑還要長很多時，中子星的大小可視為點。這種雙星間隔著一段距離彼此旋轉的時期，稱為**旋進階段**（inspiral phase）。這段期間會逐漸釋放出重力波，使公轉能量逐漸減小，兩星體愈來愈靠近。

漸漸的，兩者距離會近到不能無視雙星各自的半徑。此時，星體會一邊旋轉，一邊因潮汐力而扭曲。

這時候的狀態，就和地球與月球的相對運動也會產生潮汐力十分相似。海的漲潮退潮，就是由月球與地球的相對運動引起。因此，地球的海並非完美球面，而是有些拉長的樣子。

中子星雙星一邊運動一邊變形，釋放出來的重力波波形也會跟著改變。此時也叫做潮汐變形期。

研究團隊由這次事件的觀測結果，了解到潮汐變形大小之參數的上限，以及相對較寬鬆的下限。這為原子核物理學理論中，數值未定的參數賦予了限制。由此可見，從天文觀測當中也能夠獲得基礎物理的新資訊。

另外，前面也有提到，中子星對撞合併後，會產生各種輻射。光、帶電輕子、強子、微中子、重力波等，皆有可能被輻射出來。光能夠由能量高低區分成不同名稱的光，能量由低到高分別是無線電波、紅外線、可見光、紫外線、X射線、伽瑪射線等。釋放出這些輻射後，中子星會開始冷卻，可能會轉變成1個黑洞。此時稱為合併與衰盪（ringdown）時期。

這次事件確實觀察到了重力波與各種波長的電磁波。但另一方面，卻沒有觀察到應該要看到的GeV伽瑪射線、TeV伽瑪射線、微中子等。在未來的IceCube或其他實驗中，或許可以觀測到源自中子星合併的微中子。

圖8-8-2● 2個中子星合併後產生的重力波模擬

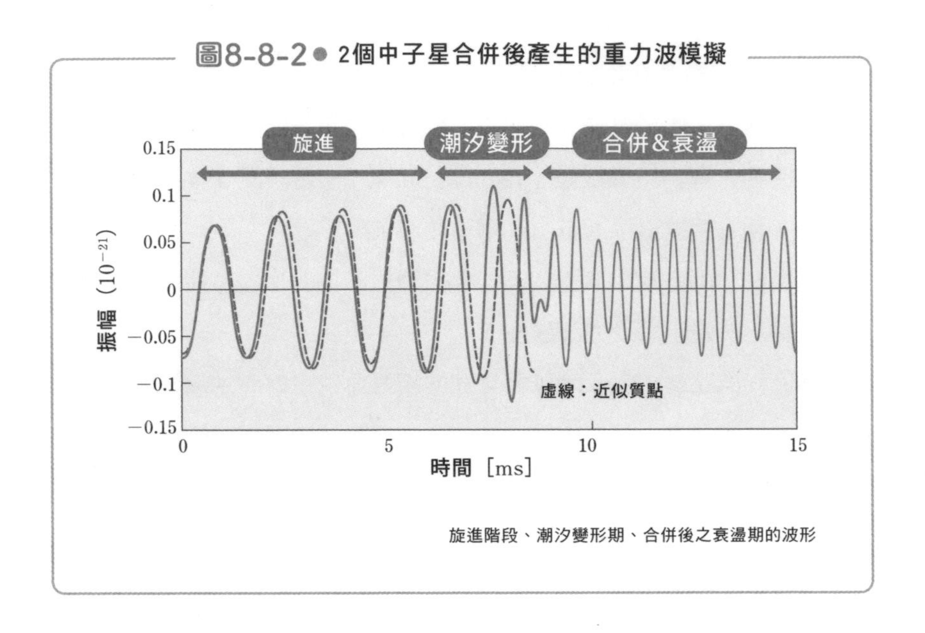

旋進階段、潮汐變形期、合併後之衰盪期的波形

2020年10月的現狀

隨著觀測的進行，在目前公開的資料中，aLIGO已發現了約50例重力波。其中包含了另1例中子星雙星的合併事件GW190425。也包括前面提到的，85倍與66倍太陽質量的黑洞雙星對撞、合併後產生的GW190521事件。這次事件產生了142倍太陽質量的黑洞，是個相當大的事件。

除此之外，還有1例雙子星合併事件，以及1例黑洞—中子星雙星合併事件。

另外，還有3例的星體質量介於2倍太陽質量與10倍太陽質量之間，對中子星而言過重，對黑洞而言又過輕，在**質量間隙**（mass gap）內，屬於未知星體。

宇宙之窗

超新星、白矮星也會放出重力波嗎？

除了黑洞、中子星之外，還有其他星體也會釋放出重力波。

首先，可以想像得到，**超新星爆發**時應該會產生重力波。因為會產生超新星爆發的星體相當大，波長很長，所以頻率比較低。

另一方面，中子星靠著「原子核簡併壓力」機制支撐著星體，白矮星（恆星的最終狀態）則靠著「電子簡併壓力」支撐著星體。一般預測，2個白矮星合併時應該也會產生重力波。這種重力波的波長會比中子星產生的重力波更長，頻率更低。

另外，位於星系中心的巨大黑洞對撞時，也會產生重力波。與超新星爆發時產生的重力波相比，這種重力波的波長更大，頻率更低，約在奈赫茲（nHz）左右，即10^{-9}Hz。

目前我們還沒有偵測到由這些星體釋放出來的重力波（可參考之後的NANOGrav12.5yr速報）。在不久後的未來，若偵測到這些星體發出的重力波，或許就能進一步了解超新星、白矮星、巨大黑洞等星體的真面目了。

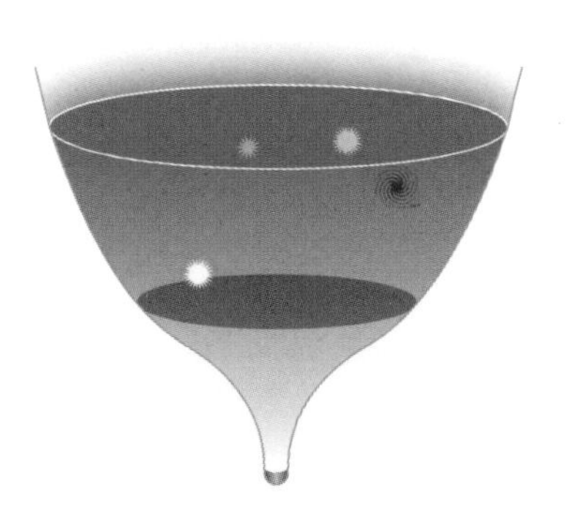

第9章

觀測不可見宇宙的「重力波天文學」

9-1 以精密的CMB觀測進行間接驗證

——B模式偏振的渦旋圖樣

前面章節提到的重力波，大致上可以分成

①由黑洞或中子星的對撞、超新星爆發等突發性星體事件所產生的重力波

②宇宙初期的暴脹時期等事件所產生的重力波

上述這2個主題。

與黑洞合併或中子星合併所產生之「出發後就不再回頭」的「一次性」重力波不同，源自初期宇宙的重力波是一種駐波，駐波充滿於宇宙間並四處飄蕩。所以說，只要敏感度足夠，就可以一直偵測到這種重力波。

但可惜的是，**這種重力波訊號非常弱，常會隱沒在雜訊中**。我們只能盡可能提升偵測器的敏感度，或者設法去除雜訊，才能觀測到它們的存在。

我們可以透過宇宙微波背景輻射（CMB）的「偏振光模式」，觀測到宇宙誕生時「源自暴脹時期之重力波」的痕跡。

次頁圖9－1－1是歐洲太空總署普朗克衛星所觀測到的宇宙微波背景輻射（CMB）的擾動地圖。這張圖中將全天空投影到球的表面，以摩爾魏德投影法描繪在平面上。

這是138億年前，宇宙誕生38萬年後，整個宇宙放晴時的樣子。

圖中顏色深淺的差異，表示宇宙各地的溫度有著些微差異（溫度擾動）。這種溫度差十分微小，只有10萬分之1左右。

圖9-1-1 普朗克衛星捕捉到的宇宙全天溫度擾動　出處：ESA（再次列出）
不同地點有著約10萬分之1的差異。

除了以無線電波的強度表示出溫度差異，並製作溫度擾動地圖外，也可以製作出無線電波的偏振地圖。無線電波有偏振E模式與B模式，說明如下。

過去普朗克衛星觀測到的都是E模式偏振的資料。事實上，目前能夠提出B模式偏振的觀測報告的只有**BICEP2**（宇宙泛星系偏振背景成像二代）實驗。

BICEP（Background Imaging of Cosmic Extragalactic Polarization）設施位於南極點附近的阿蒙森－史考特基地（美國），可使用望遠鏡觀測宇宙微波背景輻射（CMB）的偏振光。前面已經多次提到CMB，這是宇宙誕生38萬年後產生的微波，所以觀測這種微波，就相當於觀測138億年前的宇宙。在一系列的觀測中，引領第2世代實驗的實驗裝置就是BICEP2。

那麼，**B模式偏振**（*）又是什麼呢？相對論告訴我們，重力會造成時間與空間扭曲。宇宙誕生時的暴脹時期中，時間與空間會因為重力的量子效應而產生劇烈擾動。當然，重力的量子力學——量子重力論尚未完成，目前正以超弦理論等理論為基礎，持續研究中。

不過，因為重力相對較弱，我們可以用近似方法，預測到重力在量子層面的行為，所以一般認為還是能夠計算出一些結果。運用這種性質，我們可以計算出暴脹時期產生的初期宇宙擾動，也就是重力波的量以及其波形。

所以說，假設在宇宙誕生初期的暴脹過程中有產生重力波，那麼這些時空擾動應該會在CMB的偏振光上形成特有的渦漩狀圖樣。重力波在空間中會一邊以十字形（＋）與交叉形（×）的方向振盪，一邊傳播出去。其中，交叉形的振盪方向，是重力波在特殊情形下才會產生的CMB偏振模式。

如果這種交叉形振盪在空間中連續性重疊，就會得到渦漩狀的偏振。換言之，**這種特別的渦漩模式偏振，就是源自重力波的B模式偏振**。

不過，在星系或星系團等重力來源所形成之重力透鏡的影響下，CMB的偏振光也會產生B模式偏振，這會造成雜訊。目前有2種方法可以排除雜訊的影響，一種是先在精密測定小尺度下，觀測源自重力透鏡的B模式偏振，再排除這些偏振；另一種則是觀測大尺度結構，以避免B模式偏振的影響，提高觀測的敏感度。

其中，**小尺度的精密觀測在地面上**進行（BICEP2、POLARBEAR-2等），**大尺度的觀測將透過未來的衛星實驗（LiteBIRD）等**進行。

（*）**B模式偏振**
觀測宇宙微波背景輻射（CMB）時，相對於溫度的擾動，會看到垂直方向或水平方向的振盪，稱為E模式偏振（十字形：＋），以及45°角振盪的B模式偏振（交叉形：×）。在以無線電波觀測小尺度結構時，會受到重力透鏡的影響；觀測大尺度結構時，若去除這些影響，那麼**只有重力波存在時，才會出現B模式偏振**，所以捕捉宇宙起源之B模式偏振，就是捕捉重力波的意思。

CMB的B模式偏振所測到的重力波頻率，約為10^{-18}赫茲到10^{-16}赫茲左右，是超低頻的重力波。這個重力波波長與目前宇宙的大小相符。

●世紀大誤報！

2014年3月，前面提到的BICEP2發表「我們捕捉到了CMB的B模式偏振！」。如圖9－1－2中看到的，呈渦旋狀圖樣。這讓全世界的宇宙論學者都相當振奮，心想「終於有研究團隊發現了源自暴脹時期的重力波了嗎？」。不過，後來證實這是研究團隊弄錯了。

我們銀河系中的塵埃會產生的微波偏振光，而在BICEP2的觀測範圍中，很可能沒有充分去除這些雜訊。

後來，普朗克衛星取得了全天塵埃與高能電子釋出的塵埃輻射與同步輻射等雜訊資料。在普朗克衛星的協助下，去除這些雜訊後，終於得到了正確的資料。BICEP2看到的是星系重力效應所產生的B模式偏振光，以及源自塵埃輻射的雜訊。

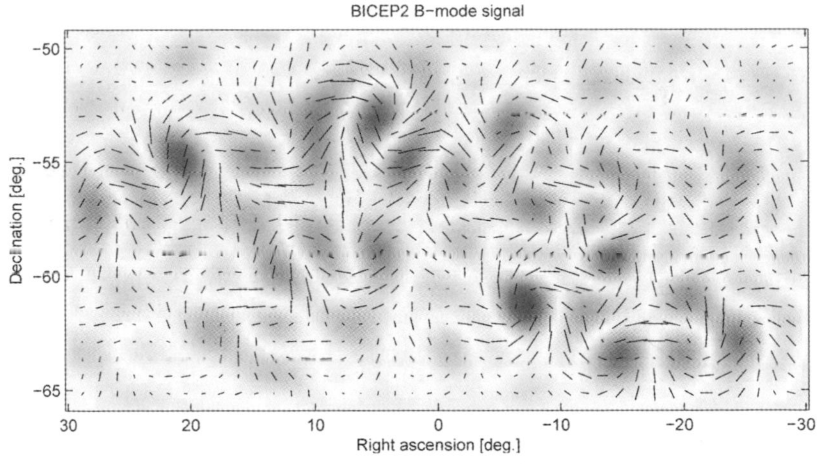

圖9-1-2　B模式偏振光的渦漩圖樣
BICEP2於2014年3月發表的圖，
CMB的B模式偏振光訊號在空間中的分布
http://bicepkeck.org/visuals.html

綜上所述，2014年3月發表的結果很可惜的並不是源自暴脹時期的重力波，而是「在較大尺度下，因重力透鏡而產生的B模式偏振光」。

我所屬的KEK（高能加速器研究機構）與日本國內各研究機構，以及美國的大學共同主導了「POLARBEAR」與其後繼的「POLARBEAR 2」(*)計畫。POLARBEAR計畫的目的是要偵測出在較小尺度下，因重力透鏡引起的B模式偏振光。

結果顯示，相對於溫度擾動，源自暴脹時期之重力波的觀測上限值，約在10分之1以下（「張量擾動／純量擾動」的比 r 在0.1以下）。

圖 9-1-3● 去除塵埃效應後，來自重力透鏡的 B 模式偏振光

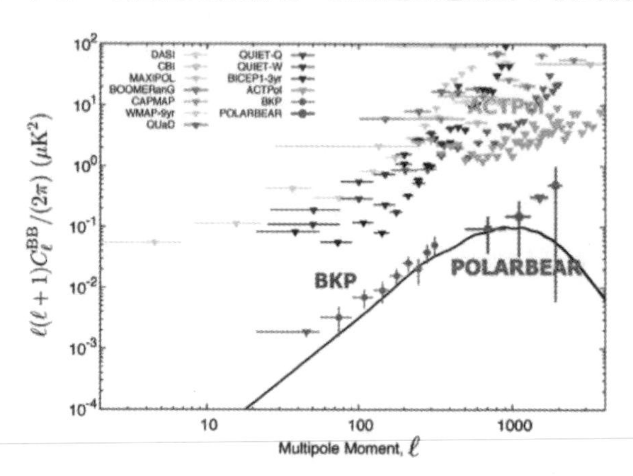

橫軸為相當於角度倒數的量。圖中顯示了由BICEP2-Keck Array-Planck（BKP）以及POLARBEAR得到的，來自重力透鏡的B模式偏振光觀測值。由此可以知道，來自暴脹時期的重力波，其觀測上限值，約為溫度擾動的10分之1以下（「張量擾動／純量擾動」的比r在0.1以下）。
https://indico.ipmu.jp/indico/event/72/contributions/1703/attachments/1385/1644/

（*）POLARBEAR
由日本、美國、加拿大、英國、法國等5國，以及加州大學柏克萊分校、日本KEK等共9個大學與研究機構組成的國際合作實驗計畫。因為「POLARBEAR（北極熊）」這個名稱的關係，常讓人誤解觀測地點在北極，事實上，觀測站設置在智利的阿他加馬沙漠。「BEAR」源自加州大學柏克萊分校的玩偶熊，「POLAR」則源自偏振的英語polarization。

直接捕捉源自暴脹時期的重力波

—— DECIGO的任務

接著要介紹的是，**直接觀測源自暴脹時期之重力波的方法**。

我們前面提到的宇宙微波背景輻射（CMB），其實是個間接的觀測方法。前面也有提過如何直接偵測到黑洞雙星或中子星雙星合併時產生的重力波。我們也可以用相同方法，透過重力波干涉計，直接觀測源自暴脹時期的重力波。不過，目前LIGO／Virgo或KAGRA的敏感度都到不了那個程度。

另一方面，日本有個計畫中的重力波探測衛星實驗計畫，名稱叫做**DECIGO**（DECi－hertz Interferometer Gravitational wave Observatory）。DECIGO計畫將重力波觀測站直接打到太空中。

DECIGO的任務是透過直接觀測重力波，解開宇宙剛誕生時之暴脹時期（10^{-38}秒後）的謎團。

如圖9－2－1所示，如果能發揮預期中的性能，應該就可望能夠直接偵測到源自暴脹時期的重力波（最下方的橫線）。當然，我們也可以透過CMB間接觀測到源自暴脹時期的重力波，但是如果敏感度一直上不來的話，就得考慮改用DECIGO進行觀測。

美國則會使用LISA（Laser Interferometer Space Antenna：雷射干涉宇宙天線）的後繼機種——太空重力波望遠鏡BBO（Big Bang Observer）挑戰重力波的觀測。遺憾的是，不管是DECIGO或者是BBO，預算都還沒通過，所以發射時間也不確定。

圖 9-2-1● 實驗敏感度與各種理論預測的訊號強度

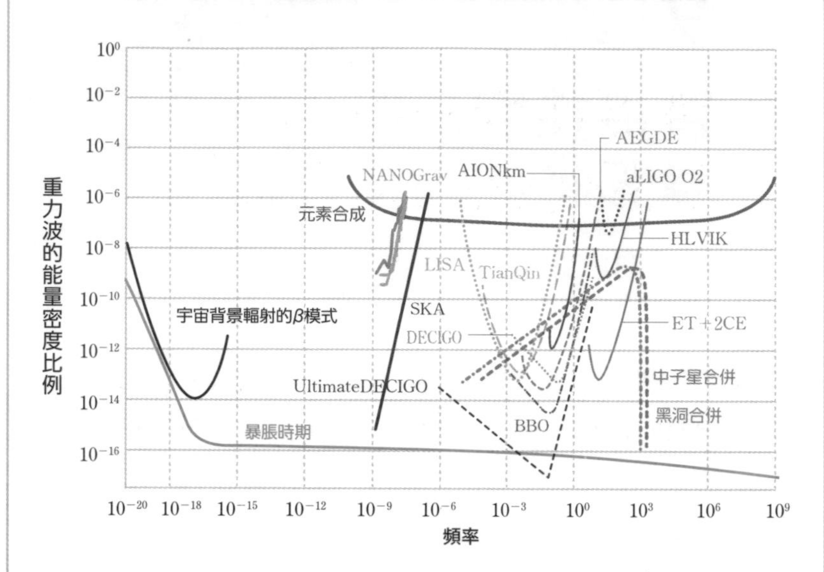

下方水平延伸的是理論預測的宇宙暴脹時期之重力波訊號。未來的 CMB 實驗、DECIGO 實驗、BBO 實驗將以觀測到這些訊號為目標。

以脈衝星計時間接觀測

── 檢出四極子成分

還有一種觀測重力波的重要方法，那就是**脈衝星計時**。**脈衝星指的是「快速自轉的中子星」**，過去我們主要透過無線電波觀測它們。脈衝星會週期性地釋放出無線電波，週期介於1000分之1秒至數秒之間，被稱為「宇宙的精密時鐘」。

不過，當重力波存在時，這個規則的週期就會出現誤差。譬如數十光年到數百光年外的脈衝星，可以感應到頻率為100年的倒數，也就是10^{-9}Hz到10^{-8}Hz之重力波。當重力波通過時，我們觀測到的脈衝波形會改變。

當然，我們必須在事前透過其他方式，測量出脈衝星的精確距離。另外，如果只觀測1顆脈衝星的話，可能會因為該脈衝星本身的變化而影響到精準度，所以應該要同時觀測多顆脈衝星，並比對各脈衝星的情況。

位於澳洲的帕克斯（Parkes）電波天文台，觀測（脈衝星計時陣列）（*）到了約20顆脈衝星，並分析了它們彼此間的週期相關情形，這些裝置可以幫助我們精確計算出宇宙空間中的常駐重力波資訊。但可惜的是，波多黎各阿雷西博天文台的305m望遠鏡，在2020年12月1日時掉落毀損。它不只參與了NANOGrav計畫，也參與了SETI計

（*）**脈衝星計時陣列**（Pulsar Timing Array：PTA）是偵測重力波的設施。

畫，以及透過脈衝星雙星驗證廣義相對論的計畫，是世界級的電波望遠鏡，實在是相當可惜。

這種脈衝星計時的觀測，會看到立體的訊號，所以需要將來自多個脈衝星的訊號整合在一起，才能夠偵測到重力波（**四極子成分**）。觀測重力波時，其實就是在偵測這種四極子成分，**脈衝星計時陣列可以說是驗證重力波是否存在的超強方法**。

期待目前運作中的NANOGrav（*），以及未來的究極無線電波觀測裝置SKA（**）可以提供更為精確的資料。

圖9-3-1 Parkes電波天文台
主要工作為脈衝星計時陣列的觀測。

（*）NANOGrav（North American Nanohertz Observatory for Gravitational Wave）是偵測與研究重力波的科學家們合作進行的研究計畫。

（**）SKA（Square Kilometer Array）是聚光面積達1km^{2}的無線電波望遠鏡。自2016年起，研究團隊也選在澳洲與南非的人為電波較少之地區建造新的電波望遠鏡。

●觀測重力波的敏感度

讓我們回顧一下前面介紹的各種重力波望遠鏡，分別在哪些頻率下有較高的敏感度。請回頭參考圖9－2－1。

從頻率較高者看起，在數十赫茲到數千赫茲的範圍內，可以用地面上的干涉計（aLIGO、aVirgo、KAGRA等）觀測。稍低的頻率，如1000分之1到10分之1赫茲，則可透過宇宙干涉計（LISA、DECIGO、BBO等）觀測。

脈衝星計時觀測裝置（PTA、NANOGrav、SKA）等，會對約10^{-9}到10^{-7}赫茲等低頻率重力波有反應。而CMB的B模式偏振光的觀測（BKP、POLARBEAR2、LiteBIRD）則可用於尋找10^{-18}到10^{-16}赫茲的超低頻率重力波。

其他初期宇宙的重力波

——宇宙背景重力波

前面我們介紹的，源自宇宙初期之重力波，主要是「源自暴脹時期的重力波」。源自星體的重力波會以「波」的形式往外傳播，不過宇宙初期產生的重力波，就向前面介紹的，很可能是一種「駐波」，充滿整個宇宙空間中。因此，我們會用**宇宙背景重力波**來稱呼這種重力波。

事實上，除了暴脹時期產生的背景重力波之外，宇宙中可能還存在著「來源不同」、頻率不同的各種重力波，且強度比暴脹時期產生的重力波還要強。這也是許多學者感興趣的研究主題，以下將介紹幾種與宇宙背景重力波來源相關的模型。

● 小尺度之大密度擾動（曲率擾動）所產生的背景重力波

如同我們前面所介紹的，為了說明CMB的溫度擾動，在大尺度下需存在10萬分之1的擾動。而這個擾動或許就源自暴脹時期產生之暴脹子場（尚未發現的純量場）的「量子擾動」。

不過，宇宙暴脹模型也有好幾個版本。在某些模型中，小尺度下的擾動會造成大尺度的擾動。這些小尺度的大擾動（純量），會透過非線性效應產生背景重力波（張量擾動）。而且相關理論預言，**當這個擾動塌陷時，會形成原始黑洞**。

有學者認為，aLIGO發現的GW150914等黑洞雙星，其實是原始黑洞。因為依據已知的雙星系統形成與進化理論，一般約30倍太陽質量的黑洞要形成雙星，是一件相當困難的事。

不過依照暴脹理論模型，形成30倍太陽質量的原始黑洞就不是什麼罕見的事了。綜上所述，「透過黑洞雙星的合併發現重力波」就相當於暗示了原始黑洞的存在，並預言了低頻率的二次性重力波的存在。

強烈相變所產生的重力波

前面我們曾提到宇宙的相變。若相變相當強烈，使過程中生成的「泡」對撞時（稱為一次相變），也會產生重力波。

「泡」在動徑方向上的振動不會產生重力波，不過**泡與泡對撞時，會產生縱向與橫向的運動（四極子運動），此時就會產生重力波**。

「泡」的運動會產生流體能量的四極子運動，這也會產生重力波，甚至有學者認為，這種重力波的量還比較多。

標準理論中，賦予電子質量的希格斯場產生的真空相變，或是由夸克與膠子組成的質子與中子產生的QCD相變，屬於弱二次相變，或是名為crossover的弱相變。如果未來發現了源自強一次相變的重力波，就能幫助我們驗證未知的相變。

源自宇宙弦的背景重力波

我們在第6章中也有提到，大統一理論中，群的對稱性遭破壞時，會在相變後轉變成低對稱性的群，此時很可能會生成拓樸缺陷，也就是所謂的宇宙弦（cosmic string）。

宇宙弦之間會對撞、重組、撕裂、形成迴圈。若形成迴圈，則會愈縮愈小，形成名為kink或cusp的尖端部分，kink或cusp形成後會釋放出重力波並消失。有學者認為，即使宇宙弦的數目正在減少，但仍有宇宙弦殘留至今，並持續釋放出重力波。

綜上所述，學者們認為，除了暴脹時期留下的重力波之外，宇宙還存在著各種背景重力波。

9-5 發現來自初期宇宙的背景重力波？

——NANOGrav的衝擊！

2020年9月，NANOGrav（用於偵測重力波的北美奈赫天文台）觀測團隊發表了12年半來的脈衝星計時測定數據。他們同時觀測了45顆脈衝星，並發現了相當驚人的結果——他們找到了某些強力證據，支持宇宙中存在各向同性的背景重力波。

不過，有點必須要特別注意。這裡使用的敘述是「找到證據」，而不是「發現！」。另外，雖然學者們期待能在脈衝星計時實驗中，偵測到四極子成分，卻沒有成功。觀測到的重力波光譜與毫無特徵的平譜最為吻合。

在那之後，世界各地的學者紛紛嘗試說明這些訊號，並將論文投稿到名為arXiv preprint server的網站。科學家可以在將論文投稿到科學期刊前，上傳論文到這個網站給其他專家確認。投稿到這個網站還有一個用意，那就是先向世界各地的科學家宣稱這是我們想到的點子，擁有「優先權」。

學者們提出的意見包括前面提到的（1）源自暴脹時期、（2）源自原始黑洞生成時，隨之而生的擾動、（3）宇宙初期的第1次相變、（4）源自宇宙弦。投稿相當迅速而豐富。

不過，由於NANOGrav觀測團隊在這12年半的觀測結果是一個平譜，故沒有決定性的特徵能夠用於判斷哪個理論比較符合實情。也因為如此，不會讓人產生「就是這個理論！」的感覺，每種理論都有一定程度的適用性。

事實上，在我之前發表的理論中，就有提到這些重力波可能是來自宇宙弦。相關研究發表於1年多前的2019年8月，我和村山齊（東大Kavli IPMU／美國加州大學柏克萊分校）、平松尚志（當時任職於東大宇宙射線研究所）、Jeff Dror（美國加州大學柏克萊分校）、G.White（當時任職於加拿大TRIUMF）共同寫下了這篇說明重力波可能來自宇宙弦的論文。

SO(10) GUT之類的大統一理論的群，在對稱性出現破缺後，會降階至標準理論的群SU(3)×SU(2)×U(1)，此時的相變會產生宇宙弦與重力波。若能偵測出這些重力波，就可以說明前面提到的翹翹板機制、輕子生成等機制中用到的右旋微中子為什麼會有那樣的質量尺度（參考圖9－5－1）。

圖9-5-1● 源自宇宙弦的重力波

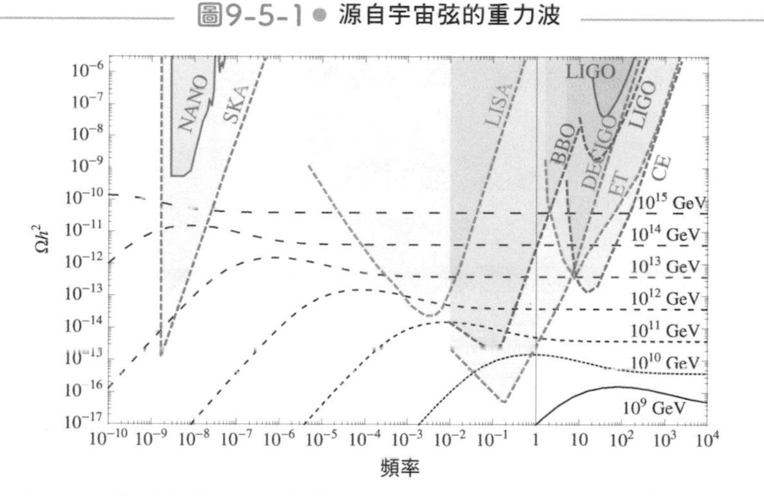

Jeff Dror（美國加州大學柏克萊分校）、平松尚志（當時任職於東大宇宙射線研究所）、郡和範（KEK／綜合研究大學院）、村山齊（東大 Kavli IPMU／美國加州大學柏克萊分校）、G.White（當時任職於加拿大 TRIUMF），刊載於 Physical Review Letter (2020) 124, 041804。

這個研究的結論提到，若能觀測到宇宙弦產生的重力波，就可以說明微中子的質量與物質的起源。對於未來的微中子及重力波觀測來說，是很重要的事。我也在論文中提出了驗證理論的觀測方式，而這也是我寫這本書時的理論基礎。

可惜的是，在這個由NANOGrav觀測、長達12年半的數據中，並沒有偵測到我們所預言的訊號。所以我們也沒辦法宣稱「我們的論文是正確的」。

令人訝異的是，在NANOGrav研究團隊將論文投稿到arXiv的同一天，另一個德國的理論團隊也投稿了一篇論文到arXiv上，篇名為〈用源自宇宙弦的重力波，說明NANOGrav的最新資料〉。

據說，這個德國團隊正式發表論文前，就已經獲得了這些資料，所以預先準備好了論文。這篇論文也引用了我們寫的論文。裡面提到，如果用宇宙弦解釋的話，在對稱性被打破之前，就是GUT尺度，就和科學界過去的主張一樣。

因為他們馬上就投稿到網站了，所以在速度上我們完全無法和他們競爭，只能站在一旁看著，讓人有些遺憾。

我在另一個研究計畫中，花了10天與寺田隆宏先生（韓國IBS）整理過去的研究，寫成了一篇論文，並發表在arXiv上，說明那些數倍太陽質量的原始黑洞於生成時會產生擾動，這種擾動的二次效應會產生重力波訊號，而NANOGrav可能是偵測到這些訊號。

論文中預言，這些原始黑洞的雙星彼此相撞、合併時，會釋放出100赫茲到1000赫茲左右的重力波訊號。並提到未來aLIGO／aVirgo／IndIGO／KAGRA的合作觀測中，很可能會觀測到這樣的重力波（參考圖9－5－2）。

圖9-5-2● 以擾動的二次效應形成之重力波訊號
說明NANOGrav觀測到的資料

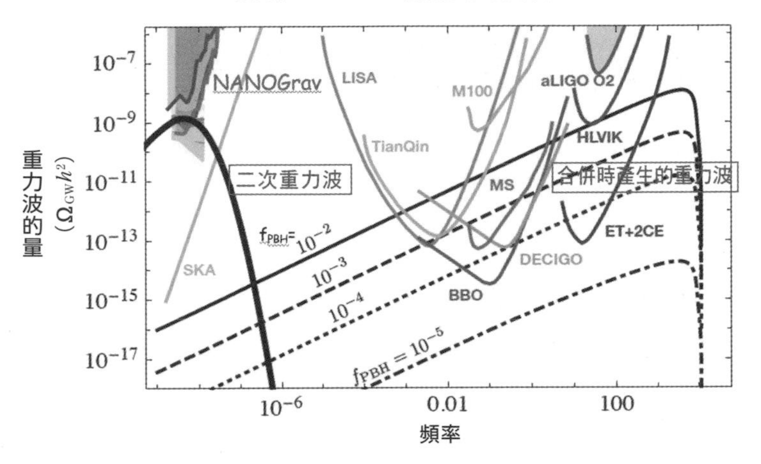

左方較粗的黑線是原始黑洞生成時，擾動的二次效應所產生的重力波訊號，可與NANOGrav觀測到的資料相配。由左往右的4條黑線，是原始黑洞雙星在對撞、合併時釋放出來的100赫茲到1000赫茲之重力波訊號。不同條線表示暗物質含量不同的黑洞。
出處：K. Kohri and T. Terada, arXiv:2009.11853 [astro－ph.CO]

這裡的IndIGO是美國的aLIGO與印度重力波觀測計畫的共同計畫，預計在印度設置世界級水準的重力波偵測器。若完成設置，就能從另一個方向觀測重力波，獲得更多資訊。

我們的結論相當有原創性，過去沒有任何一個團隊提出過類似觀點，目前正與其他理論激烈競爭中，靜待專家審查。

9-6

對不久將來的5個期待

—— 作者的猜想

前面的篇幅中，我們說明了微中子與重力波的理論研究現況，以及最新的觀測結果。本書最後，讓我們來談談未來的展望。

①對於CMB觀測的猜想

用於驗證暴脹時期理論之CMB（宇宙微波背景輻射）偏振光觀測小型科學衛星「LiteBIRD」預定於2028年發射升空。LiteBIRD為日本的衛星，可以精密觀測CMB偏振光，看到宇宙誕生後10^{-38}秒後發生的事，偵測到暴脹時期產生的原始重力波，以「暴脹理論的驗證」為主要目的。

最晚在2030年代中期左右，就可以確定能否偵測到B模式偏振光。預料中，應該能在很高的精準度下，確定「是否能檢出B模式偏振光」。

LiteBIRD的敏感區域剛好位於暴脹子場場值能量的附近，可以觀測到相當於普朗克質量的暴脹情況。在能量相當於普朗克質量的情況下，重力應與其他3種力統一，所以在這種尺度下，學者們期待可以看到「量子重力效應的顯現」。

雖然這是我的個人意見，但我認為暴脹理論與重力量子論的出現，在物理學上有決定性的關聯。不過以目前的低能量理論，無法計算出這種能量尺度下的結果。

斯塔羅賓斯基曾以低能量狀況下的知識建構暴脹理論、林德則曾提出混沌性暴脹模型；然而當今這些熱門的理論所得到的結果，皆與剛被發現的B模式偏振光訊號有一定落差。而尋找這個落差來源，或許就是量子重力理論未來的方向。

②對於宇宙背景重力波之直接觀測的猜想

人類已經知道，重力波是可以被觀測到的目標。目前正使用干涉計等裝置，嘗試直接觀測源自暴脹時期的背景重力波。在發現它們之前應該不會停下腳步。

即使是前面提到的LiteBIRD或者進行頂尖的CMB實驗，背景重力波仍可能會被雜訊掩蓋住而看不到。不過，在干涉計方面的實驗，隨著技術的不斷突破，應該會持續大型化、持續設計出更精密的實驗吧。我認為在不久的未來，即使既有的觀測領域不那麼流行了，重力波實驗應該仍會在天文學、宇宙物理學的主流中發展下去。

③對於宇宙背景微中子之直接觀測的猜想

這也是宇宙誕生後數秒時產生的，確實存在的觀測目標。我們現在會透過微中子與一般粒子在弱交互作用後的散射，檢出微中子。但不管使用效果多好的增幅機制，仍看不到宇宙背景微中子。在可見的未來中，大概都看不到吧。

不過，如果與不同性質的方法組合在一起，譬如使用質量或自旋等性質觀測，或許會有突破，找出能觀測到背景微中子的新技術。

④對於誕生自銀河系中心之超新星微中子的猜想

自1987A超新星爆發以來，已經過了34年。樂觀而言，1個星系在100年應該會發生數次超新星爆發，也就是說，下一次超新星爆發說不定已經發生了。即使保守估計100年只發生1次，那麼距離下一次超新星爆發也不會太久。

目前岐阜縣神岡的超巨型神岡探測器（Hyper-K，預計於2020年後半開始進行實驗）正在建設中。在可預見的未來內，各種偵測微中子的次世代偵測器也會陸續誕生。隨著偵測能力的提升，新建的偵測器可以偵測到來自更多種星體的微中子。想必相關實驗應該會持續發展下去吧。

在大概100年以內，我們的銀河系中心一定也會發生超新星爆發，使我們偵測到數量龐大的微中子。到了那時，我們應該已經可以偵測到更精準的混合角與CP相位，計算出3世代微中子更精準的質量絕對值。

這雖然只是我的想像，但或許未來可以找到某些線索，說明混合右旋微中子的存在。這些新資訊在篩選統一理論模型時非常有用。因此，相關實驗不僅有助於微中子物理學研究，在未來也能對各種領域的學問做出貢獻。

⑤對於超高能微中子的猜想

運用南極的冰偵測微中子的IceCUBE Gen2的後繼機種、運用地中海海水的KM3NeT的後繼機種等等，應該都會走向大型化吧。能量達GZK極限（*）（10^{19}電子伏特（10EeV，10艾電子伏特））的宇宙輻射會產生GZK微中子，未來的機種不只能偵測出這些微中子，或許也能發現能量比GZK極限高出許多，位於冪次光譜上的超高能微中子。

一般預測這些超高能微中子會從Gpc（pc：約3.26光年）以外的距離，也就是數十億光年到百億光年外的遠方飛來。若能偵測到它們，或許就能說明暗物質或宇宙遠方的未知高能現象。

（*）GZK極限
超高能宇宙射線（大於10^{19}電子伏特）會與宇宙背景輻射的微波產生交互作用，失去能量，故幾乎無法抵達地球。提出這個猜想的是Greisen、Zatsepin、Kuzmin等3位學者，故以3人姓氏的首字母命名。

索引

英數字

3劃

4劃

5劃

6劃

7劃

8劃

9劃

10劃

11劃

12劃

13劃

14劃

15劃

18劃

著者簡介

郡 和範

1970年出生於兵庫縣加古川市。現為高能加速器研究機構（KEK）副教授，兼任綜合研究大學院大學與東京大學科維理宇宙物理學與數學研究所研究員。2000年東京大學大學院理學研究所物理學專攻博士畢業。2004年起於美國哈佛大學擔任博士後研究員、2006年起於英國蘭卡斯特大學擔任助理研究員、2009年起擔任東北大學助理教授、2017年應英國牛津大學的招聘，擔任副教授，再到目前職位。這段期間內，曾擔任京都大學、東京大學、大阪大學的博士後研究員。主要研究內容包括宇宙論、宇宙物理學的理論研究（關鍵字：大霹靂元素合成、暗物質、初期宇宙的暴脹、黑洞、重力波、宇宙初期的量子擾動、宇宙微波的背景輻射、21公分輻射、微中子、伽瑪射線／X射線、宇宙射線、暗能量、重子生成等）。著作包括《宇宙はどのような時空でできているのか（宇宙由什麼樣的時空構成？）》（Beret出版）。

大人的宇宙學教室
透過微中子與重力波解密宇宙起源

2022年7月1日初版第一刷發行

著　　者　郡和範
譯　　者　陳朕疆
編　　輯　劉皓如
發 行 人　南部裕
發 行 所　台灣東販股份有限公司
　　　　　<地址>台北市南京東路4段130號2F-1
　　　　　<電話>(02) 2577-8878
　　　　　<傳真>(02) 2577-8896
　　　　　<網址>http://www.tohan.com.tw
郵撥帳號　1405049-4
法律顧問　蕭雄淋律師
總 經 銷　聯合發行股份有限公司
　　　　　<電話>(02) 2917-8022

國家圖書館出版品預行編目資料

大人的宇宙學教室：透過微中子與重力波解密宇宙起源 / 郡和範著；陳朕疆譯. -- 初版. -- 臺北市：臺灣東販股份有限公司, 2022.07
268面；14.8×21公分.
ISBN 978-626-329-275-8（平裝）

1.CST: 微中子 2.CST: 天體物理學

339.415　　111008068

好評發售中！

圖解電波與光的基礎和運用

井上伸雄／著　●定價400元

ISBN 978-986-511-018-5

大人的化學教室
透過135堂課全盤掌握化學精髓

竹田淳一郎／著　●定價500元

ISBN 978-986-511-192-2

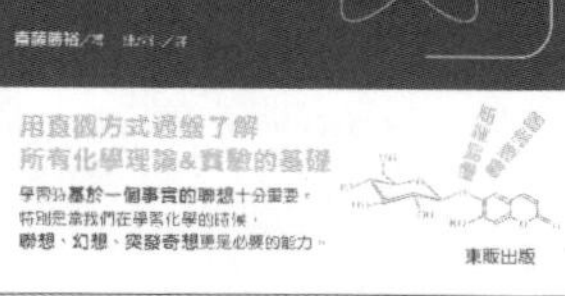

圖解量子化學
一本讀懂橫跨所有化學領域的學問

齋藤勝裕／著　●定價460元

ISBN 978-626-304-653-5